科學少年學習誌

編／科學少年編輯部

科學閱讀素養
生物篇 4

遠流

科學閱讀素養 生物篇4　目錄

導讀

4　科學 × 閱讀＝素養＋樂趣！

撰文／陳宗慶（教育部中央輔導團自然與生活科技領域常務委員）

6　祖先級神奇寶貝──鴨嘴獸

撰文／翁嘉文

18　凝結時空的膠囊──琥珀

撰文／鄭皓文

30　生物在搬家

撰文／史軍

38　如何聰明吃魚？

撰文／簡志祥

48　農地疊疊樂──垂直農場

撰文／林慧珍

58　別再怕蔬菜了

撰文／席尼

66　治療你還是安慰你？

撰文／劉育志

75　環保堆肥動手做

撰文／林慧珍

課程連結表

文章主題	文章特色	搭配108課綱（第四學習階段──國中）	
		學習主題	學習內容
祖先級神奇寶貝──鴨嘴獸	說明鴨嘴獸的形態特徵與生態習性，以及在演化上的特殊地位。	演化與延續（G）：生物多樣性（Gc）	Gc-IV-2地球上有形形色色的生物，在生態系中擔任不同的角色，發揮不同的功能，有助於維持生態系的穩定。
		生物與環境（L）：生物與環境的交互作用（Lb）	Lb-IV-2人類活動會改變環境，也可能影響其他生物的生存。 Lb-IV-3人類可採取行動來維持生物的生存環境，使生物能在自然環境中生長、繁殖、交互作用，以維持生態平衡。
		科學、科技、社會及人文（M）：科學、技術及社會的互動關係（Ma）	Ma-IV-2保育工作不是只有科學家能夠處理，所有的公民都有權利及義務，共同研究、監控及維護生物多樣性。
凝結時空的膠囊──琥珀	介紹琥珀的形成原理，以及世界上的琥珀產地。	演化與延續（G）：演化（Gb）	Gb-IV-1從地層中發現的化石，可以知道地球上曾經存在許多的生物，但有些生物已經消失了，例如：三葉蟲、恐龍等。
		地球的歷史（H）：地層與化石（Hb）	Hb-IV-1研究岩層岩性與化石可幫助了解地球的歷史。
生物在搬家	生物因氣候異常而遷徙，本文透過許多案例來說明暖化對生態系統的衝擊。	能量的形式、轉換及流動（B）：生態系中能量的流動與轉換（Bd）	Bd-IV-1生態系中的能量來源是太陽，能量會經由食物鏈在不同生物間流轉。 Bd-IV-2在生態系中，碳元素會出現在不同的物質中（例如：二氧化碳、葡萄糖），在生物與無生物間循環使用。
		生物與環境（L）：生物與環境的交互作用（Lb）	Lb-IV-2人類活動會改變環境，也可能影響其他生物的生存。 Lb-IV-3人類可採取行動來維持生物的生存環境，使生物能在自然環境中生長、繁殖、交互作用，以維持生態平衡。
		資源與永續發展（N）：氣候變遷之影響與調適（Nb）	Nb-IV-1全球暖化對生物的影響。
如何聰明吃魚？	本文告訴讀者如何選擇食用的海鮮，才能友善環境，同時減少食用時攝取到汙染物的風險。	能量的形式、轉換及流動（B）：生態系中能量的流動與轉換（Bd）	Bd-IV-1生態系中的能量來源是太陽，能量會經由食物鏈在不同生物間流轉。 Bd-IV-3生態系中，生產者、消費者和分解者共同促成能量的流轉和物質的循環。
		演化與延續（G）：生物多樣性（Gc）	Gc-IV-2地球上有形形色色的生物，在生態系中擔任不同的角色，發揮不同的功能，有助於維持生態系中的穩定。
		生物與環境（L）：生物間的交互作用（La）	La-IV-1隨著生物間、生物與環境間的交互作用，生態系中的結構會隨時間改變，形成演替現象。
		科學、科技、社會及人文（M）：環境汙染與防治（Me）	Me-IV-6環境汙染物與生物放大的關係。
農地疊疊樂──垂直農場	垂直農場是糧荒的可能解方之一，這種種植方法還可以讓農地休養生息、減少農業汙染。	生物與環境（L）：生物與環境的交互作用（Lb）	Lb-IV-1生態系中的非生物因子會影響生物的生存與分布，環境調查時常需檢測非生物因子的變化。
		科學、科技、社會及人文（M）：科學、技術及社會的互動關係（Ma）；科學在生活中的應用（Mc）	Ma-IV-1生命科學的進步，有助於解決社會中發生的農業、食品、能源、醫藥，以及環境相關的問題。 Mc-IV-1生物生長條件與機制在處理環境汙染物質的應用。
		資源與永續發展（N）：永續發展與資源的利用（Na）	Na-IV-3環境資源品質繫於資源的永續利用與維持生態平衡。 Na-IV-6人類社會的發展必須建立在保護地球自然環境的基礎上。
別再怕蔬菜了	介紹苦瓜、茄子和青椒特殊風味的來源及益處。	演化與延續（G）：生物多樣性（Gc）	Gc-IV-2地球上有形形色色的生物，在生態系中擔任不同的角色，發揮不同的功能，有助維持生態系的穩定。
		生物與環境（L）：生物間的交互作用（La）	La-IV-1隨著生物間、生物與環境間的交互作用，生態系中的結構會隨時間改變，形成演替現象。
治療你還是安慰你？	認識神奇的安慰劑效應，並了解新藥試驗的方法。	生物體的構造與功能（D）：生物體內的恆定性與調節（Dc）	Dc-IV-5生物體能察覺外界環境變化、採取適當的反應以使體內環境維持恆定，這些現象能以觀察或改變自變項的方式來探討。
		科學、科技、社會及人文（M）：科學發展的歷史（Mb）	Mb-IV-2科學史上重要發現的過程，以及不同性別、背景、族群者於其中的貢獻。
環保堆肥動手做	介紹了製作堆肥的方法，並說明控制堆肥中養分比例的重要性。	能量的形式、轉換及流動（B）：生態系中能量的流動與轉換（Bd）	Bd-IV-2在生態系中，碳元素會出現在不同的物質中（例如：二氧化碳、葡萄糖），在生物與無生物間循環使用。 Bd-IV-3生態系中，生產者、消費者和分解者共同促成能量的流轉和物質的循環。
		演化與延續（G）：生物多樣性（Gc）	Gc-IV-2地球上有形形色色的生物，在生態系中擔任不同的角色，發揮不同的功能，有助於維持生態系的穩定。
		生物與環境（L）：生物與環境的交互作用（Lb）	Lb-IV-3人類可採取行動來維持生物的生存環境，使生物能在自然環境中生長、繁殖、交互作用，以維持生態平衡。

導讀 科學 X 閱讀二

閱讀是人類學習的重要途徑，自古至今，人類一直透過閱讀來擴展經驗、解決問題。到了 21 世紀這個知識經濟時代，掌握最新資訊的人就具有競爭的優勢，閱讀更成了獲取資訊最方便而有效的途徑。從報紙、雜誌、各式各樣的書籍，人只要睜開眼，閱讀這件事就充斥在日常生活裡，再加上網路科技的發達便利了資訊的產生與流通，使得閱讀更是隨時隨地都在發生著。我們該如何利用閱讀，來提升學習效率與有效學習，以達成獲取知識的目的呢？如今，增進國民閱讀素養已成為當今各國教育的重要課題，世界各國都把「提升國民閱讀能力」設定為國家發展重大目標。

另一方面，科學教育的目的在培養學生解決問題的能力，並強調探索與合作學習。近年，科學教育更走出學校，普及於一般社會大眾的終身學習標的，期望能提升國民普遍的科學素養。雖然有關科學素養的定義和內容至今仍有些許爭議，尤其是在多元文化的思維興起之後更加明顯，然而，全民科學素養的培育從 80 年代以來，已成為我國科學教育改革的主要目標，也是世界各國科學教育的發展趨勢。閱讀本身就是科學學習的夥伴，透過「科學閱讀」培養科學素養與閱讀素養，儼然已是科學教育的王道。

對自然科老師與學生而言，「科學閱讀」的最佳實踐無非選擇有趣的課外科學書籍，或是選擇有助於目前學習階段的學習文本，結合現階段的學習內容，在教師的輔導下以科學思維進行閱讀，可以讓學習科學變得有趣又不費力。

素養＋樂趣！

撰文／陳宗慶

我閱讀了《科學少年》後，發現它是一本相當吸引人的科普雜誌，更是一本很適合培養科學素養的閱讀素材，每一期的內容都包括了許多生活化的議題，涵蓋了物理、化學、天文、地質、醫學常識、海洋、生物……等各領域有趣的內容，不但圖文並茂，更常以漫畫方式呈現科學議題或科學史，讓讀者發覺科學其實沒有想像中的難，加上內文長短非常適合閱讀，每一篇的內容都能帶著讀者探究科學問題。如今又見《科學少年》精選篇章集結成有趣的《科學閱讀素養》，其內容的選編與呈現方式，頗適合做為教師在推動科學閱讀時的素材，學生也可以自行選閱喜歡的篇章，後面附上的學習單，除了可以檢視閱讀成果外，也把內文與現行國中教材做了連結，除了與現階段的學習內容輕鬆的結合外，也提供了延伸思考的腦力激盪問題，更有助於科學素養及閱讀素養的提升。

老師更可以利用這本書，透過課堂引導，以循序漸進的方式帶領學生進入知識殿堂，讓學生了解生活中處處是科學，科學也並非想像中的深不可測，更領略閱讀中的樂趣，進而終身樂於閱讀，這才是閱讀與教育的真諦。 ㊙

作者簡介

陳宗慶　國立高雄師範大學物理博士，高雄市五福國中校長，教育部中央輔導團自然與生活科技領域常務委員，高雄市國教輔導團自然與生活科技領域召集人。專長理化、地球科學教學及獨立研究、科學展覽指導，熱衷於科學教育的推廣。

祖先級神奇寶貝 鴨嘴獸

在演化歷史中，許多生物由於自然或人為的因素紛紛滅絕，現今我們還能見到這種長相如此奇特又可愛的動物，實在要好好珍惜牠啊！

撰文／翁嘉文

尾巴

眼睛

耳孔

鼻孔

嘴

蹼

從幾年前炎熱的夏天開始，全臺掀起了一股擴增實境的尋寶熱潮，直至今日也尚未退卻，你是否也是深陷這股潮流的學徒，拚了命的往大師之路邁進？

　　尋寶之餘，你可曾注意過遊戲裡頭的這個角色：牠反應慢得溫馴，稱不上什麼稀奇珍寶，經常出沒於溪流、河岸、水塘邊，因為與臺北市市長神似，有段時間知名度頗高──牠是可達鴨。

　　雖然可達鴨的物種不像卡通《飛哥與小佛》裡的寵物泰瑞一樣明確，也未曾被作者證實，但很多網路資訊傳言，可達鴨其實是參考鴨嘴獸的外型繪製而成。儘管兩者有不少相似之處，但鴨嘴獸並不像可達鴨那樣容易遇見，資歷也更久遠，牠在動物界占有特殊地位，還有豐富的本領，要說牠是傳說中祖先級的神奇寶貝也不為過。

鴨嘴獸生性害羞，平時不輕易現身在水面喔！

牠長得很可愛耶～

跨領域正夯！

　　要了解這隻神獸，得先從源頭探究起。鴨嘴獸最吸引人的就是那跨越各個分類的動物定位了。牠顯眼的大嘴外表像極了鳥類，在地上爬行的行為與爬蟲類相似，親代哺乳的行為卻又是哺乳類專屬；也難怪18世紀末，原生於澳洲東部和塔斯馬尼亞的鴨嘴獸標本第一次被運送到英國時，連專業的科學家也以為牠是由其他動物的各個部位拼湊、縫合而成，完全一頭霧水。

　　但多虧各國專業學者費時、費力、努力不懈的探究，如今我們對不可思議的鴨嘴獸更加了解。牠和針鼴是現存最原始的一群卵生哺乳動物，堪稱活化石。

　　卵生哺乳動物是由爬蟲類演化到哺乳類之間的過渡動物，他們具有排尿、排便、生殖三種功能都在同一孔道的「泄殖孔」，被歸類在單孔目，這個特性與鳥類、爬蟲類相似；鴨嘴獸有腳蹼，有嘴喙但沒有牙齒的特色屬於鳥類；有耳孔、毒腺且可行走於陸路的特徵則與爬蟲類相似；有哺乳、育兒的行為，有毛髮，屬於恆溫動物等特性則與哺乳動物相同。

　　哇！同時擁有這麼多類型的特色，鴨嘴獸的好本領一定很令人期待，讓我們一同來看看吧！

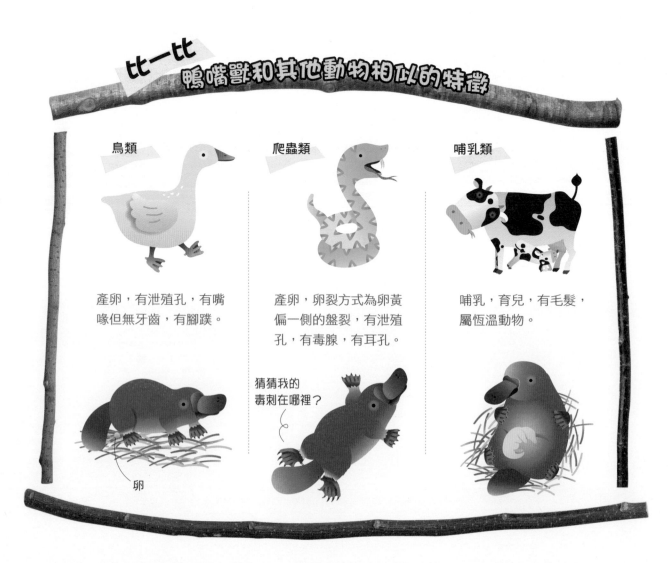

比一比
鴨嘴獸和其他動物相似的特徵

鳥類

產卵，有泄殖孔，有嘴喙但無牙齒，有腳蹼。

爬蟲類

產卵，卵裂方式為卵黃偏一側的盤裂，有泄殖孔，有毒腺，有耳孔。

猜猜我的毒刺在哪裡？

哺乳類

哺乳，育兒，有毛髮，屬恆溫動物。

卵

多功能的嘴喙

　　儘管鴨嘴獸的嘴巴與鴨子的頗為雷同，卻還是有些相異之處，牠的鼻孔靠近嘴巴開闔處，更像是鱷魚的那樣。當鴨嘴獸潛入水中時，牠會將眼睛、耳孔和鼻孔全部緊閉（眼睛和耳孔相當靠近，周邊有大面積肌肉或皮膚皺褶，皺褶可緊閉來保護眼耳），讓水無法進入。但千萬別為牠擔心，同時失去三種感官的牠還有個祕密武器，那摸起來像橡膠般柔軟的鴨嘴不僅具有豐富的觸覺感知，上頭還布滿了電訊號接受器，使牠不但能夠感覺獵物在水中游動時帶起的水波擾動，還能偵測獵物因肌肉收縮而引發的微弱電訊號；藉由兩者，判斷出獵物的距離、方位，再利用像鏟子一樣的嘴，在泥沙中仔細挖掘，而後毫不客氣的將驚慌躲藏的獵物，連同被翻攪得一塌糊塗的泥沙、礫石一齊吞入口中。

　　吞入沙石可不是為了調味，而是絕頂聰明的饕客想出的妙招。成年鴨嘴獸的嘴裡並沒有牙齒，只有持續生長的角質板，在濾去泥水後，牠會將食物與沙礫儲存在兩頰的囊袋中，裡頭包含了帶有硬殼的螺貝或甲殼類，待兩個頰囊儲滿，鴨嘴獸返回岸上，先利用角質板前方的突起將食物壓碎或剁碎，之後在角質板後方平坦處，用扁平的舌頭及礫石來「咀嚼」食物，輕鬆享用大餐。

消失的胃

科學家發現鴨嘴獸的食道與腸道是直接相連的，牠並沒有胃。科學家推測，可能是因為鴨嘴獸的食物類別很固定，這些食物並不需要繁雜的消化步驟，因此鴨嘴獸在演化上遺失了這個消化過程中的重要器官。

並不是一直無齒

你知道嗎？鴨嘴獸幼年時期是有牙齒的唷！但逐漸發育成熟後就脫落，被角質板取代，而後牠才成為眾所皆知的無「齒」之徒。另外，牠剛出生時也跟鳥類或蛇、蜥蜴等爬蟲類一樣，嘴喙上有尖尖的突出物，稱為卵齒，這是專為啄破卵殼而存在的，誕生後不久便會消失。

鴨嘴獸的 菜

與雜食性的鴨子不同，鴨嘴獸是澈底的肉食主義者，牠的獵物群多屬於底棲水生或靠近水邊的陸生生物，像是小魚、青蛙、甲殼類、貝類、螺類、蚯蚓及其他蠕蟲等。牠每天至少花 10 ～ 12 小時覓食，代謝旺盛的牠，每天都要吃下相當於自己體重 20% 的食物，甚至更多，因此說牠是大胃王等級也不誇張。

繪圖：小比、HOM 的遊樂園

潛水夫的基本裝備

成年鴨嘴獸的體長約 30～48 公分，體重約 0.5～2 公斤，算是相當輕巧。鴨嘴獸的獵物多屬底棲性，牠也具備了潛水的好功夫，通常可於水面下待 1～2 分鐘，若水面上有危險，也可待 5 分鐘之久。為了便於在水中活動，牠的身形與水獺相似（見《科學少年學習誌：科學閱讀素養生物篇 2》），都呈現流線造型；唯獨尾巴膨大而扁平，約占了體長的四分之一，就像是可調整方向的舵，而且肥厚的尾巴也儲存了許多脂肪，為長時間生活在水中的鴨嘴獸提供了不少熱量。

另一方面，鴨嘴獸的皮膚上布滿了三層緻密的深褐色至黑色皮毛，最外層的毛較長，用來偵察附近的物體；中間的毛上富有油脂，能夠阻擋水分，使身體不會與水直接接觸；最靠近皮膚的毛則可以抓攬空氣，減少體溫散失，達到較好的禦寒效果。

收放自如的蹼

身為水陸兩棲的動物，鴨嘴獸的四肢上也有祕密。牠的肥短四肢上跟水獺一樣，有薄膜似的蹼，而且不論前肢或後肢，都有五趾利爪。

有趣的是，鴨嘴獸前肢的蹼能夠摺疊（只有前肢唷！），就像手裡握著兩把團扇那樣。當牠在陸地上時，蹼會反向摺回腳掌中，讓利爪露出來，便於爬行或挖掘；當牠返回水中活動時，前肢的蹼又會張開，延伸到五爪之外，好似深潛時的蛙鞋，利於水中活動。腳蹼開開闔闔，全憑當時的需求。

俐落的建築工法

鴨嘴獸有了五趾利爪，大約 15 分鐘就能挖出深 50 公分的洞穴。儘管同樣生活於水岸邊，牠不像河狸那樣喜愛用樹枝、殘木建造華廈；總是獨來獨往的牠對建築自有一套美學見解，低調的鴨嘴獸通常選擇近水的大

繪圖：小比、HOM 的遊樂園

鴨嘴獸在水中游泳時會張開蹼。

樹做為掩蔽，在樹根下方用利爪挖掘出自己的專屬套房。

這個地下室套房擁有兩個洞口，一個在水面下，一個位於岸上。岸上的洞口會小心翼翼的用碎石或雜草掩蓋起來，避免引來不速之客；水面下的洞口則是緊臨食物豐富的水域，一來為了覓食方便，二來還有逃躲之用，像是後門的概念。

一般時期的居所從入口到洞穴大約 6 公尺長，當繁殖季來臨時，雌鴨嘴獸會依照相似的選擇基礎，用爪在岸邊挖一條長約 16 ～ 20 公尺的隧道，並在隧道底端用已經被水浸泡柔軟的枝葉、草莖當做被褥、襯墊，整齊的擺放在一起，為新生寶寶預做一個舒適的巢。

迷你的卵

你絕對猜不到鴨嘴獸的卵竟然如此的小！鴨嘴獸的繁殖季節大約在冬末初春之際，受到荷爾蒙的刺激，雄鴨嘴獸會在水裡繞著雌鴨嘴獸追逐、輕咬對方尾巴，而後交配。之後一整個生殖季，雌鴨嘴獸便不再交配，雄鴨嘴獸則繼續尋找對象，尋找能夠留下自己基因的機會。

交配成功約 2 ～ 3 週之後，雌鴨嘴獸會在自己建築的巢穴中產下 1 ～ 3 顆卵。牠的卵比麻雀的卵（大約跟一元銅板差不多）還要更小、更圓一些，皮質卵殼的觸感則比較像是爬蟲類的卵，這時候的鴨嘴獸寶寶還只是個胚胎，尚未發展出任何具有功能的器官；也像所有卵生動物那樣，會直接從卵黃吸取需要的營養。鴨嘴獸媽媽則是輕輕的將卵放在腹部與蜷曲的尾巴之間，為牠們提供

圖片來源：達志影像

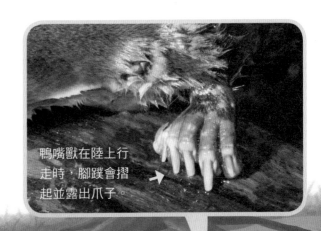

鴨嘴獸在陸上行走時，腳蹼會摺起並露出爪子。

尋找鴨嘴獸的好時機

鴨嘴獸是夜行性動物，白天多待在洞穴裡，夜晚才出外覓食，清晨或黃昏之際是最容易觀察到牠蹤跡的時刻。

溫暖，之後一段時間足不出戶，小心翼翼的保護著牠們，等待裡頭的新生命漸漸發育。大約經過 10 天，待牠長出卵齒之後，鴨嘴獸寶寶便啄破卵殼順利孵化。

流汗還是流乳？

剛孵出的鴨嘴獸寶寶身長只有 2.5 公分，發育尚未完全，牠全身光禿禿的沒有毛髮，眼睛也還無法睜開，只能依附在媽媽身上，依靠母乳繼續成長——這裡表現的就是哺乳動物的特徵了。

奇特的是，鴨嘴獸並沒有像無尾熊、袋鼠的育兒袋，也沒有乳房，更找不到乳頭，只在腹部兩側有發達的乳腺，就好比我們位於皮膚的汗腺開口那樣，成束的乳腺開口也位於皮膚，聚集於腹側兩區。

因此，鴨嘴獸媽媽所分泌的乳汁會滲透到自己的皮毛裡，隨著身體姿勢的改變，可能匯聚到某個腹部凹陷處，而寶寶就會趴在媽媽腹部上，用粗短的舌頭擠壓乳腺，刺激乳汁分泌，然後舔食著乳汁。

哺乳的前段時間，鴨嘴獸媽媽只會短暫出外覓食，要大約五週以後，外出的時間才會愈來愈長。漸漸的寶寶會開始長出毛髮，到了四個月左右，寶寶算是發育完全，可以跟著媽媽一同到屋外探險，這時候牠的體長已經與成年鴨嘴獸相當。當毛髮長齊，鴨嘴獸寶寶就會與媽媽分離，開始過著獨行俠的生活。雖然已可以獨自求生存，但要到兩歲半，鴨嘴獸才算真的成年，開始展現交配的行為。一般而言，鴨嘴獸的平均壽命約為 10～15 歲。

遺留的武器

鴨嘴獸還有個更驚人的祕密：牠是罕見的有毒哺乳動物之一，更精準的說，只有雄鴨嘴獸有毒。雄鴨嘴獸的後肢踝部有長約 2.5 公分的角質毒刺，呈現倒鉤狀，連著儲存有

鴨嘴獸媽媽坦露腹部，讓寶寶舔舐從皮毛間滲出的乳汁。

繪圖：HOM 的遊樂園

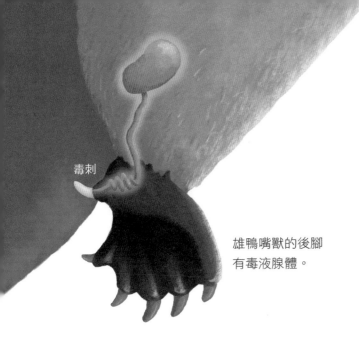

毒刺

雄鴨嘴獸的後腳
有毒液腺體。

毒蛋白質的小囊腔。

　　事實上，科學家發現，剛出生的鴨嘴獸，不論雌雄都具有毒刺，但之後雌獸腳上的毒刺會退化消失，只剩雄獸仍保留著這個武器。科學家還發現，原來調控鴨嘴獸的毒液基因與爬蟲類的毒液基因是來自同一組基因家族，但不像蛇的毒液隨時保留在身上，雄鴨嘴獸的毒液，多在交配和繁殖季節時才會分泌，像是特意要凸顯牠在交配季節的主導地位那樣，為的是打敗其他的競爭對手，當然也為了保護自己和伴侶不受獵食者襲擊，提高個體基因繁衍下去的機會。

　　雖然鴨嘴獸的毒並不足以殺死人類，但若是被牠攻擊，會引發強烈劇痛，需要數個月的時間才能恢復正常。若對象換成一般小型動物，則能讓狗、兔子等死亡，毒性絕對不容小覷。

鴨嘴獸的難題

　　身為神祕又守舊的寶貝物種，一億多年以

來，鴨嘴獸一直保持著最初的過渡樣貌，演化似乎沒有在牠身上留下多少痕跡。科學家推測可能是因為牠的棲息地較為封閉，並不如其他區域經歷了很大的氣候變遷與人為開發；此外，鴨嘴獸雖是完全肉食主義，但並不局限單一食物，好比無尾熊只吃尤加利葉，貓熊的食物以竹子為主等，若在地球資源缺乏的情形下，有多種選擇的食物對生存絕對更為有利。

　　也許鴨嘴獸目前並沒有滅絕危險，但過去及未來都有些事情值得我們關心。在過去幾十年，因為鴨嘴獸獨屬於澳洲的稀有性，及珍貴毛皮和標本的市場需求，不肖商人因而濫捕、殺害鴨嘴獸，使牠們的族群數量嚴重衰落。好在澳洲政府及人民意識到鴨嘴獸滅種的嚴重性，不但將牠認定為澳洲的象徵，常用牠做為國家的吉祥物，並將鴨嘴獸列為國際保護動物，制定保護法規，禁止違法狩獵，來維護牠們的生存。

　　除了人類刻意捕捉以外，另一個環境問題也跟人類脫離不了關係。鴨嘴獸雖是恆溫動物，但牠本身的體溫偏低，需維持在 26～32℃之間，當環境溫度過高時，牠很容易因失去調溫能力而死亡。不僅僅是鴨嘴獸，在全球暖化漸趨嚴重的當下，對多種生物而言，都是個不容忽視的課題。🄚

作者簡介

翁嘉文　畢業於臺大動物學研究所，並擔任網路科普社團插畫家。喜歡動物，喜歡海；喜歡將知識簡單化，卻喜歡生物的複雜；用心觀察世界的奧祕，朝科普作家與畫家的目標前進。

祖先級神奇寶貝──鴨嘴獸

國中生物教師　江家豪

主題導覽

鴨嘴獸絕對是地球上數一數二特別的物種，牠是哺乳類中極少數的卵生動物，加上那獨特的外型特徵，讓牠成為教科書上的常客。

從演化的路徑來看，鴨嘴獸極有可能是爬蟲類演化出哺乳類的過渡物種，也因此擁有許多介於爬蟲類、鳥類與哺乳類間的特徵。例如那沒有牙齒的嘴喙，像極了鳥類；皮質的卵殼和毒腺的痕跡，像極了爬蟲類；而專屬於哺乳類的毛髮與乳腺，則成了鴨嘴獸在分類上最主要的依據。

和許多珍稀物種一樣，鴨嘴獸也面臨環境破壞與人為干擾的威脅，幸好澳洲政府相當重視鴨嘴獸的保育，除了將牠塑造成國家象徵外，也實施許多保育措施。

〈祖先級神奇寶貝──鴨嘴獸〉說明了鴨嘴獸的形態特徵與生態習性。閱讀完文章後，你可以利用「關鍵字短文」了解自己對這篇文章的理解程度，「挑戰閱讀王」則能檢測你是否充分認識鴨嘴獸喔！

關鍵字短文

〈祖先級神奇寶貝──鴨嘴獸〉文章中提到許多重要的字詞，試著列出幾個你認為最重要的關鍵字，並以一小段文字，將這些關鍵字全部串連起來。例如：

關鍵字：1. 鴨嘴獸　2. 澳洲　3. 卵生哺乳類動物　4. 鳥類　5. 爬蟲類

短文：鴨嘴獸是澳洲的國寶級動物，更是教科書中常特別介紹的稀有動物，因為牠是地球上極少數的卵生哺乳類動物。鴨嘴獸的許多特徵很像鳥類，包含沒有牙齒的嘴喙、腳蹼等；而部分特徵則像爬蟲類，如皮質卵殼和藏在體內的毒腺等，但因為會分泌乳汁及有毛髮這兩項重要特徵，而被歸在哺乳類。牠的存在，提供了哺乳類動物演化的重要線索。

關鍵字：1.＿＿＿＿　2.＿＿＿＿　3.＿＿＿＿　4.＿＿＿＿　5.＿＿＿＿

短文：＿＿＿＿＿＿＿＿＿＿＿＿＿＿＿＿＿＿＿＿＿＿＿＿＿＿＿＿＿＿

＿＿＿＿＿＿＿＿＿＿＿＿＿＿＿＿＿＿＿＿＿＿＿＿＿＿＿＿＿＿＿＿

挑戰閱讀王

看完〈祖先級神奇寶貝——鴨嘴獸〉後，請你一起來挑戰以下題組。

答對就能得到👍，奪得 10 個以上，閱讀王就是你！加油！

☆鴨嘴獸為澳洲的國寶動物，牠有許多獨特的地方，請根據鴨嘴獸的形態特徵及習
　性回答下列問題。

（　　）1.鴨嘴獸所具有的特徵中，哪些是哺乳類特有的？

　　　　　（多選題，答對可得 2 個👍）

　　　　　①具有乳腺　②沒有牙齒的喙　③皮質殼的卵　④具有毛髮　⑤體溫恆定

（　　）2.關於鴨嘴獸的生活習性描述，下列何者正確？（答對可得 1 個👍）

　　　　　①喜歡棲息於森林的樹冠層　　②大多在近中午時外出活動

　　　　　③為習慣群居的社會性動物　　④腳有蹼，擅長游泳

（　　）3.關於鴨嘴獸的生殖描述，下列何者正確？（答對可得 2 個👍）

　　　　　①產下的卵和鴨子的卵差不多大小

　　　　　②會有交配的過程

　　　　　③為終身一夫一妻制的物種

　　　　　④有發達的子宮可供胚胎發育

（　　）4.關於鴨嘴獸身上的構造描述，何者正確？（答對可得 1 個👍）

　　　　　①喙中具有一對毒牙　　②胸部有一對明顯的乳房

　　　　　③尾巴儲存許多脂肪　　④潛入水中時利用鰓呼吸

☆哺乳類動物的演化：現今的演化證據普遍認為哺乳類及鳥類皆由爬蟲類演化而來，
　除了脊椎動物的共同特徵外，哺乳類及鳥類身上或多或少帶有一些從爬蟲類演化
　而來的證據。鴨嘴獸的存在，讓這樣的想法更有說服力，因為牠是極為少數的卵
　生哺乳類動物，部分特徵和爬蟲類十分雷同，包含皮質卵殼的卵、藏在體內的毒
　腺以及具有耳孔等，都更像是爬蟲類而非哺乳類。

　　除了卵生哺乳類之外，有袋哺乳類的存在也支持了哺乳類從卵生演化到胎生的說
　法，像是無尾熊和袋鼠這類動物，雖然是胎生，但胎盤構造簡陋不完整，所以寶

寶還未發育完整就出生，然後躲在育兒袋內持續成長，更像是介於卵生與胎生間的過渡物種，也讓哺乳類由爬蟲類演化而來的說法更具說服力了！

（　）5.下列何者並非鴨嘴獸和爬蟲類雷同的地方？（答對可得 1 個👍）

　　　①具有毒腺　②皮質卵殼　③具有乳汁　④有耳孔

（　）6.下列何者屬於有袋哺乳類動物？（答對可得 1 個👍）

　　　①鴨嘴獸　②乳牛　③無尾熊　④非洲象

（　）7.哺乳類動物的生殖方式演化順序，應該是下列何者？（答對可得 1 個👍）

　　　①胎盤類→卵生→有袋類　②卵生→胎盤類→有袋類

　　　③卵生→有袋類→胎盤類　④有袋類→卵生→胎盤類

☆乳腺的演化：哺乳類由爬蟲類演化而來是現在科學界普遍相信的說法，然而哺乳類的重要特徵——乳腺，是怎麼演化出來的呢？是先有乳腺還是先有哺乳類呢？這些問題成為演化中遺失的環節。現在的科學家普遍認為，乳腺的出現應該和汗腺有關，因為一個構造不可能憑空誕生，應該是演化自原有的構造，而和乳腺最為相似的構造，便是汗腺。

現今的推測是某些小型爬蟲類為了保護牠們的卵，由汗腺排出一些具有殺菌功能的蛋白質，塗抹在卵殼上，後來這些蛋白質成為寶寶誕生後的營養來源。經年累月的演化之下，這樣的液體成分逐漸改變，含有大量蛋白質的乳汁便出現了。如同鴨嘴獸，最早並沒有乳頭這樣的構造分泌乳汁，這讓乳腺由汗腺演化而來的說法更具說服力！

（　）8.關於乳腺演化的推論，何者正確？（答對可得 1 個👍）

　　　①有乳頭的動物才有乳腺

　　　②有乳腺的動物都是胎生的

　　　③乳腺分泌的液體成分和汗腺一樣

　　　④乳腺是由汗腺演化而來的

（　）9.從文章可推論乳腺和哺乳類動物那一個較早出現？（答對可得 1 個👍）

　　　①乳腺　②哺乳類動物　③同時出現

延伸知識

1. **澳幣 20 分**：鴨嘴獸是澳洲的國寶級動物，經常在各大全國性活動中做為精神象徵。除此之外，澳洲的 20 分硬幣上，也以悠游在水中的鴨嘴獸做為圖案。

2. **物理消化**：動物消化食物的過程分為物理消化和化學消化，物理消化主要透過牙齒的咀嚼和消化道的蠕動來完成，但有些動物缺乏牙齒，難以將食物磨碎，例如鳥類、鴨嘴獸等。牠們會吞食一些小石子，儲存在消化道中充當牙齒來磨碎食物。

3. **針鼴**：在教科書中和鴨嘴獸有著同等地位的針鼴也是卵生哺乳類，針鼴具有許多演化上的過渡特徵，和鴨嘴獸十分雷同，這樣的物種多數分布在澳洲及新幾內亞一帶，認識鴨嘴獸時也可以順便認識這獨特的物種！

延伸思考

1. 2020 年民眾票選最希望臺北市立動物園引進的動物就是鴨嘴獸，你支持這麼做嗎？請說說你的看法。

2. 澳洲擁有許多獨特的物種，例如鴨嘴獸、無尾熊、袋鼠、奇異鳥等，其他地方幾乎看不到類似的生物。查查看，為什麼這些獨特物種只保留在澳洲呢？

3. 比較一下，鴨嘴獸泰瑞、可達鴨和真正鴨嘴獸的模樣有哪些差異？查查看，鴨嘴獸在澳洲的分布情形為何？澳洲政府將鴨嘴獸的象徵運用在哪些地方呢？

凝結時空的膠囊
琥珀

千百萬年前的昆蟲被樹脂包覆住，畫面凝結在一瞬間，樹脂日後在地層掩埋作用下形成琥珀，如今永遠保存著昆蟲栩栩如生的模樣，這個珍貴的寶物捎給人們一份跨越時空的訊息。

撰文／鄭皓文

好餓喔……

有糖果！
太好了～

欸等一下……

唔！

拜託！你眼睛張大
一點，這是琥珀，
不是糖果啦！

呃呃！
這是琥珀？

琥珀就是遠古時
候的樹脂化石。

亮晶晶的樣
子好美喔！

這裡面有沒
有蚊子啊？

蚊子？

要是牠有吸到恐
龍的血，我們就
能複製恐龍了！

然後就可以開個侏羅紀
公園……接下來就可以
大賺一筆……然後就出
名了……

你電影看太
多了啦！

琥珀之名

琥珀的英文「Amber」可能源自中世紀的拉丁語「Ambar」，在古英語中則是指來自抹香鯨身上的一種蠟狀物質：龍涎香。到了13世紀晚期，就已被用來指稱產自波羅的海的琥珀。而中文的「琥珀」一詞，最早則見於西漢時陸賈的《新語·道基》的一段敘述：「琥珀珊瑚……山生水藏……」，不過最神奇的是，早在唐朝詩人韋應物的一首〈詠琥珀〉詩中，就對琥珀內含物的成因有了近乎正確的描述，詩是這樣寫的：「曾為老茯神，本是寒松液，蚊蚋落其中，千年猶可觀。」（茯神為山林中寄生於松樹根部的菌類植物，可以入藥。古人誤以為琥珀乃茯神所化，故稱「曾為老茯神」。）可惜這種中國古代的直觀智慧，缺乏科學的環境加以孕育茁壯，不然中國的科學文明現在一定非常可觀。

琥珀和電也有關係

西元前六世紀的希臘人發現琥珀在衣服上摩擦後，能夠吸引其他的物質，近代電磁學的先驅吉爾伯特也觀察到，玻璃、水晶等物質也有這種「琥珀力」，於是他根據琥珀的希臘名「elektron」創造了拉丁語「electricus」，這也是電的英文單字「electricity」的根源。現在我們知道，這是物質摩擦產生靜電力的現象。

不過琥珀到底是什麼？又是如何形成的呢？原來自然界有許多樹種，在風吹雨打或動物抓咬等各種情況下導致樹皮受到損傷時，都會分泌非常黏稠的樹脂來保護傷口（尤其是松柏科的植物）。這些樹脂在接觸空氣後會逐漸硬化，等到樹木倒塌或是這些樹脂團塊因各種原因掉落地面，湊巧又被掩埋在地下後，在地層中歷經千百萬年高溫高壓的作用，就逐漸形成了琥珀。所以根據化石的定義，琥珀本身就是埋藏在地層中的古代生物遺跡，當然屬於化石。

至於琥珀內部常可發現許多昆蟲或其他生物的遺體，那又是怎麼回事呢？這就和樹脂黏稠及具香味的特性有關了。當這些具有特殊氣味的樹脂分泌出來後，許多昆蟲會受到吸引而前來，隨即便被黏住而無法掙脫。而這些被困住的昆蟲也可能再吸引其他的掠食者前來，只要力氣不足以掙脫，就都會被後續分泌的樹脂層層包覆掩埋，最後窒息在其中；這也是為何琥珀中的昆蟲常常附肢脫落不全，且周遭會有許多小氣泡及擾動流紋的原因。換句話說，一塊含有昆蟲或其他小生物的琥珀，等於是化石中有化石，也是將千百萬年前的瞬間凝結成亙古存在的時空膠囊。

琥珀的產地

波羅的海

全世界最有名且開採歷史最悠久的琥珀產地，就是位於北歐的波羅的海沿岸。因為在約 4000 萬年前的歐洲北部有廣袤的森林，這些森林產生的大量樹脂在歷經地層掩埋後形成了琥珀，後來陸地變成了海洋，因此露出海床的琥珀隨著海浪的搬運來到了岸邊，這也是中古世紀以來波羅的海沿岸盛產琥珀的原因。

波羅的海的琥珀因為大部分產自海中，又經過海浪的淘洗沖刷，所以原礦外觀較為圓滑，表面常有海洋生物附著生長的痕跡；其內部則常散布著類似橡樹芽的星狀纖維；內含的蟲體周圍常有白色乳狀物質包覆，這些都是波羅的海琥珀的主要特徵。

多明尼加

位於中美洲的多明尼加共和國是目前與波羅的海齊名的琥珀產地。不同的是此地的琥珀礦源位處海拔數百至一千公尺的山區，因此必須靠人工挖坑道開採，年代則介於 1500 ～ 4000 萬年前，屬於新生代的始新世到中新世之間。多明尼加琥珀原礦外部多含圍岩，經切割琢磨後質地金黃透明，而且含蟲比例較高。

另一個明顯的差異是從內含物分析可知，形成多明尼加琥珀的樹脂產生樹種並非來自松柏科植物，而是屬於熱帶雨林地區的一類已滅絕的豆科植物——孿葉豆屬（當地稱為琥珀樹）。這或許也解釋了為何此地所產的琥珀含蟲比例會較高，因為熱帶地區的昆蟲數量和種類遠比高緯度地區來得多。

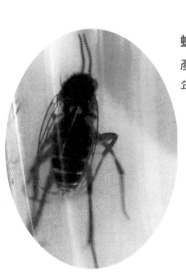

蜂類琥珀
產地：波羅的海
年代：新生代始新世，
　　　4000 萬年前

琥珀墜飾
產地：波羅的海
年代：新生代始新世，
　　　4000 萬年前
尺寸：長 4.3 公分

螳螂琥珀
產地：多明尼加
年代：新生代漸新世，
　　　2500 萬年前
尺寸：長 3 公分

攝影：鄭晧文

馬達加斯加

位於非洲東岸的馬達加斯加島除了是化石的寶庫，近年來也成了廉價琥珀的主要產地。不過馬達加斯加所產的琥珀年代很新，距今只有約 100 多萬年，屬於新生代第四紀的更新世。也因為如此，許多人並不認為是琥珀，而是稱之為柯巴脂（Copalli 的音譯），但其實從成分與形成的原因來看，很難說柯巴脂不是琥珀。馬達加斯加所產的琥珀含蟲比例很高，只是因為年代較近，內含的昆蟲與現生的種類較無差異。從顏色上來看，則較偏黃色，其實反而更明亮討喜。

除此之外，中國遼寧省的撫順在露天開採的煤礦層下，也有產新生代始新世的琥珀，年代甚至比波羅的海的還要更早。

年代古老的琥珀

除了新生代的琥珀，有沒有哪些地方出產年代更古老的琥珀呢？答案是肯定的。例如目前發現內含昆蟲的最古老琥珀就是產於黎巴嫩，年代約 1 億 3500 多萬年前的白堊紀早期。而緬甸所產的一億年前白堊紀中期的琥珀中，則發現了全世界最古老的蜜蜂。由於蜜蜂是開花植物最重要的授粉媒介，因此也間接證明了在白堊紀中期，地表上已出現了美麗的花花世界；這點與在中國遼西地區約 1 億 2500 萬年前的地層中發現了最早的開花植物——遼寧古果，在年代與演化順序上相符合。

除此之外，在美國的紐澤西州、日本的久慈、加拿大的亞伯達省也都有產出白堊紀中

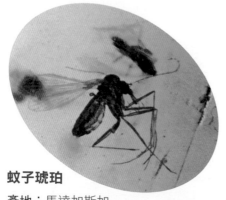

蚊子琥珀
產地：馬達加斯加
年代：新生代更新世，100 萬年前

蟲蟲大觀
產地：馬達加斯加
年代：新生代更新世，100 萬年前
尺寸：9 公分
內含許多氣泡、白蟻和小型甲蟲，讓人彷彿回到了當時的世界。

果蠅琥珀
產地：馬達加斯加
年代：新生代更新世，
100 萬年前

晚期的琥珀，這些琥珀含蟲的比例雖然很低，卻是研究早期昆蟲演化的重要線索，只不過白堊紀時期的琥珀由於年代久遠，內部多呈混濁狀且質地脆弱，容易崩解成碎片，增添許多研究的難度。

美麗的寶石

由於琥珀是樹脂硬化變質而成，所以硬度不高（摩氏硬度只有 2 ～ 2.5 之間），非常容易加工打磨，再加上美麗的金黃色澤與澄澈溫潤的特質，因此自古以來就是深受人們喜愛的生物性寶石，在佛教中也名列為七寶之一，中國明代的醫藥大典──《本草綱目》甚至也記載了琥珀的療效。經過精細加工的各式琥珀，成了王冠、項鍊、耳環與戒指上美麗的主石與各種飾品。而愈澄清透明

的琥珀當然價值愈高，琥珀的主要成分雖然是樹脂，但是其中所含的少量琥珀酸卻是影響琥珀透明程度的關鍵，琥珀酸的含量愈低，透明度就愈好。

琥珀的顏色大多介於黃色到暗紅之間，以橙黃色居多，但也有極少的比例含有其他顏色，例如藍色的藍珀。藍珀因為含有螢光物質，所以在紫外光照射下會顯現出美麗而奇幻的藍色！在自然光下即呈現藍色的藍珀則更為稀少，是琥珀愛好者中的夢幻逸品，而多明尼加就是全世界最優質的藍珀產地。

雖然琥珀非常美麗，但畢竟是屬於生物性寶石，不同於一般的礦物性寶石，在長期光線照射與曝露在空氣中時，顏色會因氧化而逐漸變深；而且因為硬度低，使得琥珀也不耐碰撞與磨損；另外酒精與有機溶劑也會造

藍珀原礦
產地：多明尼加
年代：新生代漸新世，2500 萬年前
尺寸：長 2.8 公分

蜘蛛琥珀
產地：馬達加斯加
年代：新生代更新世，100 萬年前

蜘蛛琥珀
產地：緬甸
年代：中生代白堊紀，1 億年前
尺寸：長 2.2 公分

攝影：鄭皓文

成腐蝕。在溫差太大與太過乾燥的環境下更容易產生裂紋，所以在保存與配戴上需要更加小心。

混淆的贗品

由於琥珀自古以來深受人們喜愛，再加上礦源愈來愈少，價值也就跟著水漲船高，市面上自然充斥許多贗品。因為琥珀是樹脂的衍生物，所以化學性質與其類似、價格又便宜的塑膠就成了仿冒的大宗。要辨別琥珀的真偽一般可用鹽水比重法（琥珀的密度介於 1.05 ～ 1.15，在 1：4 的鹽與水比例下，琥珀會浮起，贗品會下沉）、加熱辨味法（燃燒塑膠會焦黑、產生惡臭）等。但這些方法在市面上其實不實用也不一定準確，所以最實際的方法是多培養鑑賞的眼光，先了解各產地琥珀的基本特性與琥珀的成因，透過肉眼或顯微鏡仔細觀察內含物的狀態與形式，可能才是最不容易產生誤判的方法。

寶物的傳奇

近代史上關於琥珀最傳奇的故事莫過於俄國的琥珀廳了。琥珀廳開始建造於 1701 年，是當時普魯士王國第一任國王腓特烈一世下令建造，動員無數工匠、耗費數以噸計的琥珀、黃金及各種寶石才建造完成。琥珀廳在光線的反射與折射下，呈現出無比金碧輝煌的氣勢與變幻莫測的氛圍。後來普魯士與俄國結為盟友，當時的國王威廉一世為了表示友好，便將琥珀廳送給了俄國沙皇彼得

▲ 20 世紀末至 21 世紀初用同等材料重建的琥珀廳。

大帝。從此琥珀廳就成了位於俄國聖彼得堡近郊的凱薩琳宮內最富盛名的一座廳堂。第二次世界大戰爆發後，德軍攻佔了聖彼得堡近郊，便將琥珀廳整座拆下，裝成數十個大鐵箱運回德國的柯尼斯堡。不過詭異的是在二戰結束後，這些鐵箱竟如人間蒸發般消失無蹤，成了歷史懸案。

或許有人會說，可是現在的凱薩琳宮內仍然有個琥珀廳呀！其實那是後來的蘇聯政府耗資數億美元，考據歷史檔案後，費時 20 餘年重建的，雖然不再是原來的琥珀廳，但是金碧輝煌的程度應該不遜於當年！

另一個傳奇就很有科學意義！2002 年時科學界發表了昆蟲綱底下一個全新的「目」——「螳䗛目」。這在現代生物分類史上可是一件大事，因為現在世界各地要發現一個新屬或新種或許不難，但要發現分類階層較高的一個新「科」可就很不容易了，更何況

是一個全新的「目」階層。可是這又關琥珀什麼事呢？原來當時德國有一位研究竹節蟲的昆蟲學者，在英國倫敦的自然史博物館看到一件像竹節蟲又像螳螂的標本，之前的學者因不知如何分類，所以就把牠歸類在竹節蟲目底下。後來這位德國學者又從一位私人蒐藏家的波羅的海含蟲琥珀中看到一件類似的標本，這可就引起了他深入探究其分類的強烈動機，最終促成了一個全新的「螳蟖目」昆蟲問世。或許在全世界眾多含蟲琥珀中，還隱藏著更多未被發現命名的新物種呢！

侏羅紀公園能實現嗎？

話說回來，真的可以從琥珀內含的蚊子血液中提取恐龍的 DNA，來複製出活生生的恐龍嗎？理論上被樹脂包埋的生物幾乎可完全隔絕外來生物或環境的破壞分解，但生物體本身除了含有很多水分外，還帶有許多細菌及微生物，因而會對生物組織造成一定程度的分解破壞。所以實際切開琥珀後，其中所含的蟲體內部常是呈現中空的狀態，體內原有的蛋白質或 DNA 要完整保存的機率很低。而白堊紀時期的琥珀又因年代久遠，保存狀況更差，就算含有會吸血的蟲子（不一定要蚊子），還得先確認牠有吸到「恐龍的血」，更何況要從血液裡拿到完整的 DNA 序列，簡直比中樂透還難。而最關鍵的問題在於，就算有了恐龍的 DNA，要如何複製出恐龍？以現有的生物技術而言，依然是不可能的任務！

但是最重要的是，所有科技的問題還是要回歸到倫理道德的層面來思考，複製出遠古時候的恐龍對現今的生態系是好的嗎？這個問題就留給你去思考囉！ 科

我有問題！

什麼是「螳蟖目」？

蟖即是指竹節蟲，螳蟖目的昆蟲因為長得像螳螂又像竹節蟲，所以命名為螳蟖目；這是 2002 年才發表的全新物種，屬於掠食性的昆蟲。現生種分布在非洲的納米比亞、南非西部和坦尚尼亞，化石種則發現於波羅的海的琥珀中。

作 者 簡 介

鄭皓文 臺中市東峰國中生物老師，熱愛古生物，蒐藏了近百件古生物化石，在生物課堂上讓學生賞玩，生動活潑的教學方式深受學生喜愛。

特別感謝戴于翔先生提供部分珍貴標本供拍攝。

圖片來源：Wikimedia Commons

凝結時空的膠囊——琥珀

國中生物教師　江家豪

主題導覽

電影《侏儸紀公園》中，老爺爺手杖上鑲著一顆淡黃色的寶石，裡頭包裹著一隻蚊子，暗示電影裡恐龍的來源，是利用中生代蚊子血液中恐龍的基因來進行複製。人們也常在現實生活中提出這樣的想法，但目前都未付諸實行，因為沒有人敢保證，恐龍的重現會對人類帶來什麼衝擊。

電影畫面中的琥珀雖然只出現短短幾秒鐘，卻是劇情發展的關鍵。琥珀來自松柏類植物的樹脂，經過乾燥硬化和地層掩埋作用後所形成。它本身就是一種化石，常被打磨成珍貴的寶石做為收藏。偶爾也能在琥珀中發現一些小生物的遺體，讓人對這顆小寶石有了很多想像空間。

〈凝結時空的膠囊——琥珀〉介紹了琥珀的形成和種類，你可以利用「關鍵字短文」了解自己對本文的理解程度，「挑戰閱讀王」則能檢測你是否充分認識琥珀！

關鍵字短文

〈凝結時空的膠囊——琥珀〉文章中提到許多重要的字詞，試著列出幾個你認為最重要的關鍵字，並以一小段文字，將這些關鍵字全部串連起來。例如：

關鍵字：1.琥珀　2.樹脂　3.化石　4.演化　5.螳蟭目

短文：琥珀是植物分泌的樹脂，經過高溫高壓的地層作用後形成的化石。興盛於中生代的裸子植物，樹脂非常黏稠，可用來保護被動物啃咬後的傷口，也因為這樣，這些樹脂偶爾會將停留在樹幹上的小昆蟲包起來，形成化石包裹化石的有趣現象。形狀完整且色彩漂亮的琥珀可打磨做成寶石，而包裹著小生物的琥珀則提供考古學家許多生物演化線索。螳蟭目就是一種利用琥珀中昆蟲化石所建立的新分類群，也讓人好奇在琥珀中，究竟還有多少已滅絕而尚未被發現的新物種呢？

關鍵字：1.＿＿＿　2.＿＿＿　3.＿＿＿　4.＿＿＿　5.＿＿＿

短文：＿＿＿＿＿＿＿＿＿＿＿＿＿＿＿＿＿＿＿

挑戰閱讀王

看完〈凝結時空的膠囊──琥珀〉後，請你一起來挑戰以下題組。

答對就能得到👍，奪得 10 個以上，閱讀王就是你！加油！

☆根據文章的描述，請回答下列關於琥珀的問題。

（　　）1.琥珀是由何種物質所形成的？（答對可得 1 個👍）

　　　　①貝類的殼　②小昆蟲的屍體　③植物的樹脂　④天然礦物結晶

（　　）2.關於琥珀的相關敘述，何者正確？（答對可得 1 個👍）

　　　　①是一種化石　②只在非洲被發現

　　　　③是昆蟲分泌的液體　④硬度比鑽石高

（　　）3.下列關於不同產地琥珀的敘述何者正確？（答對可得 1 個👍）

　　　　①波羅的海的琥珀多產於山區

　　　　②多明尼加是琥珀最古老的開採地

　　　　③中國沒有琥珀開採的紀錄

　　　　④馬達加斯加產的琥珀較為廉價

（　　）4.下列何者是琥珀的功能？（多選題，答對可得 2 個👍）

　　　　①科學證實可以治療癌症

　　　　②可被打磨做為寶石收藏

　　　　③可作為生物演化的證據

　　　　④可磨成粉作為火藥使用

☆琥珀有著金黃色澤，又澄澈溫潤，一直以來都是深受大眾喜愛的寶石，請參考文
　章，回答下列關於琥珀特質及分辨真假的問題。

（　　）5.關於琥珀的色澤與材質，下列敘述何者正確？（答對可得 1 個👍）

　　　　①多呈寶藍色　②屬於礦物性寶石

　　　　③硬度極高　④易被有機溶劑腐蝕

（　　）6.琥珀具有收藏價值，因此市面上出現許多贗品，下列何種方法能區分琥珀
　　　　的真偽？（答對可得 2 個👍）

①可用鹽水比重法，鹽與水為 1：4 的情況下琥珀浮起而贗品下沉

②可用加熱辨味法，燃燒琥珀會焦黑且產生惡臭

③可用硬度辨別法，用琥珀刮鑽石表面鑽石會刮傷而琥珀不會

④可用顏色辨別法，琥珀必為淡黃色帶透明的狀態絕無例外

☆虎魄與蜜蠟：根據文獻的紀錄，琥珀早早就被記載在中國的古籍上，又稱作「虎魄」，在明代李時珍所著的《本草綱目》就提及：「虎死則精魄入地化為石，此物狀似，故謂之虎魄。」老虎的形象在中國人心中有著無形的力量，他們常將寶石刻成老虎的形狀配戴，藉以避邪擋煞；而琥珀作為中藥材，也被視為能安神定魄，因此古時候就被稱為「虎魄」了！

蜜蠟因為名稱特殊，常被誤認為是蜜蜂生產的蠟狀物所做成的假琥珀。其實蜜蠟是真的琥珀，只是顏色較深、透明度較低，顏色像蜜，質感如蠟，所以稱為蜜蠟。經過適當的修飾，蜜蠟也是許多人喜愛的裝飾品，更被佛教列為七寶之一，無論在中西方都廣受人們喜愛。

（　）7.關於琥珀一詞的由來，何者正確？（答對可得 1 個👍）

①本草綱目是最早記錄「琥珀」的書籍

②在中國古籍上琥珀又被記錄為「虎魄」

③琥珀能奪人魂魄，是中國歷史上常用的毒藥

④因為是老虎體液形成的，所以又稱為虎魄

（　）8.下列關於蜜蠟的相關說法，何者正確？（答對可得 1 個👍）

①是蜜蜂生產的蠟狀物質　②是顏色較深的琥珀

③是常見的琥珀贗品　④佛教視蜜蠟為邪物

（　）9.有關古籍上記錄的虎魄和常被混淆的蜜蠟，下列相關描述何者正確？

（答對可得 1 個👍）

①虎魄是琥珀的舊稱，蜜蠟是色深的琥珀

②虎魄是老虎的化石，蜜蠟是蜜蜂的化石

③虎魄只產於中國，蜜蠟只產於歐洲

④虎魄有毒可以擋煞，而蜜蠟可以食用

延伸知識

1. **化石的種類**：化石是演化的重要證據，現今可將化石大致歸類為沉積岩化石、高緯度的冰凍化石、樹脂包裹形成的琥珀化石，與生物生存痕跡形成的生痕化石。

2. **琥珀的產地**：目前開採的琥珀大約有 75～85% 產於波羅的海沿岸，其他各洲及國家也有少量的琥珀開採紀錄，這或許和形成琥珀的主要樹種——松柏科植物的分布有關；而琥珀中是否含有昆蟲等小生物，也與演化的歷史和緯度的高低密不可分。

3. **松柏科植物**：松柏科植物是形成琥珀的主要樹種，也是裸子植物的代表物種，大多長得高大筆直、具有針狀葉、以毬果繁殖，多分布於高海拔或高緯度的冷涼地區。

校園內的肯氏南洋杉。

延伸思考

1. 查查看，「波羅的海」周邊有哪些國家呢？

2. 請走訪百貨公司，哪些專櫃可以找到琥珀的相關製品呢？

3. 在你的生活周遭，是否有松柏科植物的蹤跡呢？請觀察它的樹幹上有沒有樹脂的分泌吧！

4. 《侏儸紀公園》裡用琥珀中蚊子吸來的恐龍血液，讓恐龍重現在地球上，你是否支持這樣的想法？

5. 查查看，臺灣有沒有生產琥珀？

6. 偽琥珀動手做：請參考影片（https://youtu.be/Z-AYucOA-T0），以「松香」為材料，打造屬於自己的琥珀吧！想一想，這樣做出來的琥珀算不算真正的琥珀呢？

7. 觀察一下，市面上販售的黏著劑「樹脂」乾燥後有什麼變化？能不能形成琥珀？

肯氏南洋杉樹幹上流出的樹脂。

生物在搬家

全球氣溫一年比一年高的情況下，不只動物，
連植物也悄悄的搬離它們原本的家園，只為了尋找更適合居住的地方。

撰文／史軍

金窩，銀窩，不如自己的狗窩。如今，在很多生物的心中，自己的窩已經不是最重要的了，牠們正急急忙忙的搬離故鄉。不是牠們天生喜歡流浪，而是因為氣溫惹的禍。

暖和天氣裡的大遷徙

科學家發現，過去 10 幾年中，有不少生物正逃離赤道地區，向著北邊較陰涼的地方移動。牠們的目的很簡單，就是躲避一天天升高的氣溫。

美國紐約大學科學家湯姆斯，是專門研究氣候變化對生物影響的專家，他領導的研究小組發現，約 2000 種動物正在離開赤道的老家。牠們以年平均 1.6 公里的速度往更北方地區搬家。也有些動物為了避熱往高海拔山區移動，但速度慢得多，一年平均約 1.2 公尺。很多種類的植物也在往北移動，算起來，不少曾經生活在赤道地區的植物，在過去的幾十年裡，每小時都向北移動大約 20 公釐。

根據聯合國「世界氣象組織」發布的最新報告，2011 年到 2020 年是有紀錄以來最熱的 10 年。科學家推測，全球氣溫急劇上

繪圖：林麗娟

升，迫使物種以更快的速度往較陰涼的地方遷移。比如，英國的黃鉤蛺蝶在 21 年裡向北移動了 217 公里；英國的長插蛛是向北移動較快的生物之一，這種小蜘蛛在 25 年裡向北移動超過 320 公里，平均一年 13 公里；而美國黃石公園的美洲鼠兔在 1900 年時，生活在海拔 2377 公尺以下，但到 2004 年，牠們已經把家搬到了海拔 2895 公尺的地方。

烤箱裡的植物

太陽光是整個植物界，乃至整個生命世界的能量來源。億萬年來，所有植物都在陽光下享受寧靜的生活。然而，太陽光這個巨大的能量寶庫現在正面臨著被廢棄的危險，因為正常的光合作用過程被擾亂了。

為什麼氣溫升高會影響到光合作用的產量呢？我們知道，植物中的葉綠體可以將太陽能轉化為化學能儲存在碳水化合物中，但並不是太陽光中的所有能量都可以被植物利用。我們平日所見的太陽光，實際上是一種由不同波長的光線組成的複合光，包括了紅外線、可見光以及紫外線。絕大多數植物只能利用可見光中的紅光和藍紫光。陽光中的紫外線不僅不能被植物利用，還會降低光能轉化中心——葉綠素的活性，從而擾亂正常光合作用的進行。

因此，在植物體內還存在一些類胡蘿蔔素，它們可以通過自身的降解來減輕紫外線對葉綠素的危害。在正常的溫度和水分條件下，植物可以依靠這些保護色素抵禦紫外線的侵害。但是在溫度升高時，葉片中類胡蘿蔔素的活性和含量就會大大降低。這時的植物會束手無策，只能任憑紫外線去大鬧「光合工廠」了。這樣一來，所有工廠的產出自然會大打折扣。

除了持續高溫造成的缺水影響，高溫本身對農作物就有直接的殺傷力。千萬別以為植物是只會接收能量的「太陽能儲存器」。做為一種生命體，它們和我們一樣得生長，得呼吸，得消耗能量。但是對於水稻生長的重要週期——灌漿期來說，夜晚氣溫的上升會

提高農作物的呼吸作用強度，相對的，儲存在種子中的能源物質就會減少。2004年在菲律賓的一項研究顯示，夜間氣溫每升高 1℃，水稻就會減產 10%。不僅如此，高溫還會影響水稻的「雄性功能」而降低稻米的產量。實驗顯示，氣溫在 35℃以上，水稻的花朵上會出現花藥不能開裂（也就不能釋放花粉）、花粉異常膨大等一系列問題，從而使稻穗上出現更多空殼秕穀，空殼率甚至可以達到 40％以上。天氣熱，連水稻自己都沒有「稻花香裡說豐年」的心情了。不單是水稻，別的植物同樣受到影響，雄蕊的花粉和雌蕊的花絲在高溫炙烤下，容易發生畸形或者機能降低，從而導致產量下降。

為了雨水爬下山

除了高溫的直接傷害，伴隨高溫而來的還有無盡的乾旱。如何獲取足夠的水分，也成了植物需要面對的一大難題。美國加州大學戴維斯分校空間技術和遙感科學中心的研究人員發現，在 1930 年～2000 年間，加州許多植物物種向低海拔方向平均移動了 79.2 公尺，而不是像人們先前猜想的將家搬到更高的山上去。在這段時間裡，該地區氣候變化十分明顯，出現了更多的降水，相對潮溼的條件使得植物可以在以往乾燥的地區生存。

之前，許多關於氣候變化預測都認為溫度是決定物種生存範圍的主要因素，溫度的變化將會導致大量植物和動物的遷徙或者滅絕。而這項最新研究顯示，像降雨這樣的因素在確定物種生存範圍這個問題上，可能比溫度更重要。

要適合的溫度，還是要充沛的雨水，真是個兩難的抉擇。

就在植物躲避高溫的時候，有些邪惡的動物也沒有停下腳步，正在一步步入侵南極洲近海。

入侵南極的帝王蟹

之前科學家認為，由於海水太冷，像帝王蟹這樣的節肢動物在 1500 萬年以前就不在這一區域生活了。在此之前，這種大螃蟹的活動範圍僅局限於南極洲附近深海。美國檀香山夏威夷大學的海洋生物學家發現，本該生活在海底的帝王蟹正「爬」到南極海域，在那裡安家落戶。毫無疑問的是，這些入侵的螃蟹大軍正對其他「原住民」海洋生物的生活造成嚴重影響，甚至會將這些物種中四分之三的種類趕出家園。科學家推測，這是由於在最近的幾十年中，帝王蟹棲息的海底盆地內部及周邊的水溫每年升高 0.01℃，因此喜歡溫暖海水的螃蟹開始大肆繁殖。

一旦這些帝王蟹真的繁殖並遷徙到較淺的水域，那麼牠們對南極洲附近海底生態系統的影響將是毀滅性的，因為那裡沒有能夠對付螃蟹殼的食肉動物。

而失去了天敵抑制的帝王蟹會大肆捕獵海參、海膽及海星等動物。結局就是，這個區域的物種多樣性大大降低。

今日，無論是赤道地區的植物，還是南極洲的動物，都在為日益升高的氣溫苦惱著。雖說適應變化的物種才能在演化道路上站穩腳跟，才有機會生存繁衍下去。但是不要忘記，人類是與這些生物一同演化而來的，當這些生物離鄉背井而去、外來物種洶洶而來，我們也會失去舒適的生活家園。也許只要記得關閉不用的電源，關緊水龍頭，多節約一滴水、一度電，就可以讓更多的物種不再被迫搬家，而能留在它們生活了千百萬年的幸福家園裡。

作 者 簡 介

史軍 植物學博士，科學松鼠會成員，著有《花與葉的生存遊戲》，《植物學家的鍋略大於銀河系》，合著有《一百種尾巴或一千張葉子》等。

生物在搬家

國中生物教師　江家豪

主題導覽

　　這個世紀以來，全球暖化為地球帶來的衝擊不勝枚舉。極端氣候屢見不鮮，澳洲的森林大火、歐洲的熱浪、中國的水患等，都讓人類對暖化議題更加關注。然而暖化的衝擊不僅止於人類的生活，野生動植物的生存也飽受氣候異常之苦，尤其是無法自行調控體溫的生物，只能選擇改變棲息的環境才得以繼續生存。

　　〈生物在搬家〉介紹了生物因氣候異常而遷徙的現象，透過許多案例來說明暖化對生態系統的衝擊。閱讀完文章後，你可以利用「關鍵字短文」了解自己對這篇文章的理解程度，「挑戰閱讀王」則能檢測你是否充分認識暖化帶來的衝擊！

關鍵字短文

　　〈生物在搬家〉文章中提到許多重要的字詞，試著列出幾個你認為最重要的關鍵字，並以一小段文字，將這些關鍵字全部串連起來。例如：

關鍵字：1. 氣溫　2. 遷徙　3. 植物　4. 光合作用　5. 產量

短文：美國氣象數據顯示過去十年氣溫急遽上升，影響許多物種的棲息環境，為了找到相對適合生存的溫度，物種開始出現遷徙現象。相較於動物能遷徙，移動能力差的植物只能承受氣溫上升帶來的衝擊。過高的溫度間接影響了植物光合作用的效率，使得它們製造養分的能力變差，也大大降低了糧食作物的產量，導致糧食供需失衡。除此之外，物種的遷徙也影響原有的生態樣貌，改變了生態平衡，迫使食物網必須重新洗牌。身為全球暖化的始作俑者，我們應當更加珍惜資源，節能減碳以改善暖化的現象，才能與自然環境共存共榮。

關鍵字：1.＿＿＿＿＿　2.＿＿＿＿＿　3.＿＿＿＿＿　4.＿＿＿＿＿　5.＿＿＿＿＿

短文：＿＿＿＿＿＿＿＿＿＿＿＿＿＿＿＿＿＿＿＿＿＿＿＿＿＿＿＿＿＿＿＿＿＿＿

＿＿＿＿＿＿＿＿＿＿＿＿＿＿＿＿＿＿＿＿＿＿＿＿＿＿＿＿＿＿＿＿＿＿＿＿＿

挑戰閱讀王

看完〈生物在搬家〉後，請你一起來挑戰以下題組。

答對就能得到👍，奪得 10 個以上，閱讀王就是你！加油！

☆根據文章的描述，請回答下列關於生物遷徙的問題。

（　）1.下列何者不是文章中提到的動物遷徙方向？（答對可得 1 個👍）

　　　　①由低緯度往高緯度　　②由東半球往西半球

　　　　③由高溫處往低溫處　　④由低海拔往高海拔

（　）2.黃石公園的美洲鼠兔，十幾年來棲息環境有往高山移動的趨勢，推測原因

　　　　為何？（答對可得 1 個👍）

　　　　①高山空氣新鮮　②高山掠食者少　③高山氣溫較低　④高山陽光較充足

（　）3.研究發現，加州許多植物分布是往低海拔地區移動，與原本的預期不同。

　　　　科學家猜測使這些植物往低海拔移動的主因為何？（答對可得 1 個👍）

　　　　①雨量　②土壤肥沃度　③光照強度　④昆蟲數量

（　）4.研究發現帝王蟹正往南極入侵，關於此現象的描述何者錯誤？

　　　　（答對可得 1 個👍）

　　　　①是因為海水溫度升高所導致　②可為企鵝帶來更多食物

　　　　③會破壞原本的生態平衡　④會捕食其他動物導致多樣性降低

☆氣溫上升對植物帶來的衝擊十分劇烈，請根據文章描述回答下列問題。

（　）5.有關高溫與紫外線對植物造成的衝擊，何者正確？（答對可得 1 個👍）

　　　　①紫外線可提高光合作用效率　②高溫會降低保護色素的含量和活性

　　　　③紫外線可提高葉綠素活性　④高溫會直接破壞葉綠體的構造

（　）6.氣溫對水稻產量的影響何者正確？（答對可得 1 個👍）

　　　　①夜間氣溫升高 1℃，水稻產量增加 10%

　　　　② 35℃以上的高溫會使水稻花粉增加

　　　　③ 35℃以上的高溫會使水稻空殼率提高

　　　　④高溫會使水稻雌蕊萎縮無法授粉

☆全球暖化與落葉：一直以來我們都認為天氣變冷是樹木落葉的主因，所以在全球暖化之後，多數科學家都預期樹木落葉的時間會往後推遲。然而，近期瑞士科學家在《科學》期刊中發表的研究結果，卻出乎眾人意料。科學家發現樹木的落葉時間非但沒有推遲，反而有提早的現象。他們推測導致樹木提早落葉的因素，除了原本預期的氣溫之外，還有更重要的因素：二氧化碳的量。二氧化碳是植物光合作用製造養分的重要原料，植物本身需要的養分及光合作用的能耐是有限的，因此在一年之中累積了夠多的養分之後，樹葉也就功成身退跟著脫落；科學家比喻這就像人一樣，吃飽就不想再吃了。這個發現不僅打破科學界原來的猜想，更將對自然環境造成另一波衝擊。

（　　）7.根據最新研究，全球暖化對植物的落葉時間造成何種影響？

　　　　（答對可得 1 個👍）

　　　　①落葉時間提早　　②落葉時間延後

　　　　③落葉時間不變　　④落葉時間不規律

（　　）8.根據最新研究，科學家推測影響植物落葉的關鍵因素為何？

　　　　（答對可得 2 個👍）

　　　　①氣溫高低　　②雨量多寡　　③陽光強度　　④二氧化碳濃度

（　　）9.樹木提早落葉可能對自然環境帶來什麼衝擊？（答對可得 2 個👍）

　　　　①樹木吸收二氧化碳的能力不如預期

　　　　②供養的野生動物變多

　　　　③森林面積減少

　　　　④更頻繁的森林大火

延伸知識

1. **光合作用波長**：德國科學家恩格爾曼（T. W. Engelmann）利用三稜鏡將太陽光分為七種色光照射水綿，然後投放好氧細菌，後來這些細菌聚集在紅光及藍光區域，證實了在這兩種光下光合作用效率最佳。

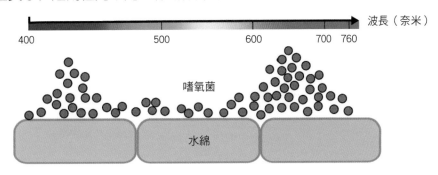

2. **高山植物**：高山的紫外線強烈，高山植物為了保護自己，通常會產生較多的花青素來對抗這些高能量的射線。而花青素通常是花瓣顏色的來源，也因此高山植物的花朵通常極為鮮豔，如龍膽科植物。

3. **孑遺生物**：冰河時期有許多原本屬於高緯度地區的生物分布在臺灣，隨著冰河退去，牠們無法忍受逐漸升高的氣溫，所以慢慢往高海拔地區移動，才能在低緯度的臺灣找到一個安身立命的地方。這些因冰河退去而遺留在臺灣的物種，就稱為孑遺生物。

延伸思考

1. 氣溫對水稻產量有極大的影響，查查看，近幾年氣候異常是否造成了臺灣主要作物水稻的災害呢？

2. 氣候異常讓自然環境出現一些不尋常的變動，你曾在報導上看過哪些極端的案例？在日常生活中有沒有因氣候異常而出現的現象？

3. 查查看，臺灣哪些生物屬於「孑遺生物」？

4. 檢視自己和家人的日常生活，你認為怎麼改善可以為全球暖化盡一分心力？

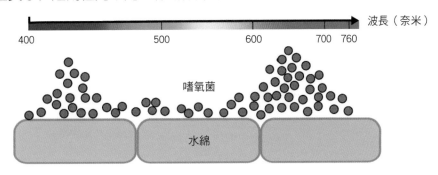

如何聰明吃魚？

市場裡的魚大大小小，種類琳瑯滿目，
該怎麼挑魚、要吃什麼魚，
竟然也跟環境保護有關係？！

撰文／簡志祥

你到市場買過魚嗎？身為科學少年的你，該怎麼用中小學的生物知識挑魚呢？這裡說的不是選眼睛清澈、魚鰓鮮紅的挑魚法，而是運用生態知識的挑魚法喔！

在買魚之前，請先轉過頭去看看旁邊的肉品區，考考你，在肉品區可以看到哪些肉？這些肉有什麼共同特色呢？

超市為何沒賣獅子肉？

在肉品區裡的肉不外乎是豬肉、牛肉、羊肉、雞肉吧！這些肉幾乎都是初級消費者。初級消費者指的是把生產者當食物的動物，簡單說就是吃素的動物，看到這裡你可能想反駁「可是豬不是吃餿水嗎？雞也可以吃蟲啊！」這樣說也沒錯，部分的養豬業者是用廚餘餵豬，不過許多養豬業者還是以玉米粉和黃豆粉來餵豬，而養雞也不是直接丟蟲給牠們吃，大規模的養雞場是用植物性的飼料來飼養。所以整體說來，肉品區裡你看到的都是初級消費者的肉，但你有沒有想過，為什麼肉品區大多是初級消費者的肉，而沒有高級消費者的肉呢？答案是初級消費者比較好養。

請試著想像，當超市開始合法販賣獅子這種高級消費者的肉，那麼養殖戶該怎麼飼養獅子來供應民眾的需求呢？

讓我們先做一些假設吧！如果一隻獅子一天吃五公斤的牛肉，而一頭 500 公斤的

牛宰殺之後可以產出 200 公斤的牛肉，從這樣的數據看來，一頭牛可以讓獅子吃上 40 天；如果獅子得養兩年才可以宰殺，那麼養大一頭獅子就得用上 20 頭牛！

如果你是靠賣獅子來維生的人，而你的牧場裡有 50 頭獅子，兩年下來，你就得準備 1000 頭牛當飼料，才足夠獅子吃。光以飼料的花費來看，獅子肉的價格至少就是牛肉的 20 倍，成本超級昂貴，養的人也很難養，所以根本沒辦法大規模供應獅子肉到市場給民眾食用。

看到這裡，你應該知道為什麼肉品區沒有高級消費者的肉了吧！可是，當你轉頭去看水產區的鮪魚、鮭魚……你有沒有想過，那些其實都是高級消費者，這又是怎麼一回事呢？關鍵在於這些魚大部分是野生動物。

農夫種稻、種果樹、養牛、養羊，這些生物都是經過馴化而來的，而大多數的水產卻都是從野外捕撈取得的，就算是有辦法人工養殖，飼料也往往是從野外獲得的資源。

繪圖：李昊宏

牽一髮而動全身的食物鏈

　　雖然魚飼料也添加了不少像是大豆粉的植物性成分，但是動物性的飼料裡還會添加魚粉來補充魚類的蛋白質，而魚粉的來源是下雜魚。下雜魚不是指爛魚，而是漁獲之中沒有高經濟價值的魚種。想看下雜魚的真面目，可以到宜蘭的大溪漁港，因為那邊的捕撈方式以底拖漁船為主，漁民從拖上來的魚中挑走有經濟價值的之後，剩下的就稱為下雜魚。下雜魚堆裡有鯊魚、魟魚，還有很多深海的魚種，像是燈籠魚、巨口魚、海鰻之

類的生物。這些可能是研究學者眼中珍貴的魚種，但當牠們成為下雜魚之後，就會被裝進一個個塑膠箱裡送上卡車，處理成魚飼料，然後就被養殖魚類給吃掉了。想起來是不是有點可惜呢？

　　知道市場的魚類大多數是野生動物之後，你還必須知道的是，為了種種理由，你應該選擇不吃鮪魚、旗魚、鯊魚這類高級消費者的魚類。

　　第一，你得先了解，高級消費者在生態系

繪圖：李吳宏

中扮演的角色，我們先從陸上生態系的觀點來認識高級消費者的重要性吧！在美國黃石國家公園裡頭，曾經有許多灰狼，然而當人們開墾進入這塊原野之後，和狼起了衝突。人們認為狼會捕殺他們辛苦養大的牲畜，所以千方百計的把那些狼殺掉。當狼群大幅減少之後，科學家開始覺得怪怪的，他們發現隨著灰狼漸漸減少，那裡的生態也大不相同。白楊和柳樹變少了，海狸也減少了，甚至北美灰熊的數量也變少了。只不過是灰狼變少，怎麼其他生物也受到影響呢？

原來，狼是食物鏈中的高級消費者，當狼消失了，麋鹿沒有天敵來抓牠，牠們就有機會大量繁殖，而麋鹿變多之後，出現食物不足的情況，牠們就把所有冒出地表的小樹苗都啃食掉，如此一來就沒有新生的樹了。沒有了樹，海狸就沒得吃，也蓋不了水壩、攔不起池塘。沒有池塘，許多溼地植物就無法生存，而靠那些溼地植物維生的生物就會大受影響，例如北美灰熊冬眠後醒來就會吃那些植物，現在那些植物沒了，灰熊就沒得吃了。

高級消費者就像是生態系中的老大，牠們的數量變化會影響

重金屬汙染物經由食物鏈
累積在魚的體內

工業汙染物
流入海洋

吃

吃

吃

重金屬汙染物

到整個生態系的平衡發展。所以如果我們繼續大啖鮪魚或鯊魚，把牠們都吃光光，那麼這個食物鏈裡的生物就會因為我們的口腹之慾而大規模改變。

你不該吃高級消費者的第二個理由是數量問題，從能量金字塔的觀點來看，愈高級的消費者，相對數量愈少。無論是陸上的獅子、老虎，或是海中的鮪魚、鯊魚，牠們在整個生態系的數量都是相對少數的。

第三個理由是健康觀點，陸上的汙染物透過河川放流排放至大海之後，雖然會被海洋稀釋，但是它卻可能透過食物鏈造成累積，而讓高級消費者含有高濃度的毒性。就像是大魚吃小魚，小魚吃蝦米的關係，我們假設蝦米體內含有一單位的有毒物質，而小魚一生會吃 100 隻蝦米，大魚一生則吃 100 條小魚。如此一來，毒物進到大魚體內就會累積到上萬單位，這就是生態學裡講的「生物累積」。

生物累積的可怕

有個「生物累積」的實例，之前有名三歲小女孩，父母每天餵她吃魚粥或魚肉，後來小女孩因為語言發展遲緩而就醫，醫師檢查之後發現她血中汞濃度竟高出世界衛生組織建議標準的 40 倍，小小年紀就已經汞中毒了。醫生調查飲食習慣之後，認為是患者攝取太多大型鮪魚、鮭魚等「深海魚」所造成，因此前陣子就有專家跳出來呼籲民眾不要吃深海魚。

繪圖：李昊宏、曾建華

不過實際上「深海魚含超量汞」這種說法是搞錯方向了，深海魚是生活在海平面下200公尺、陽光照不到的水域，小女孩所吃的鮪魚、鮭魚都不是深海魚。其實魚體內的汞含量和魚生活的海水深度沒有關係，反倒是和食物鏈的位置關聯較大。鮪魚、鮭魚都是食物鏈裡的高級消費者，因此累積汞含量較高。所以實際上的做法是，為了避免攝取過多毒素，應該少吃高級消費者才對。

到底該吃什麼魚？

從生態和健康的觀點，高級消費者的大型魚不該被捕殺，也不該被吃，那麼想吃魚時該吃什麼魚呢？是不是挑小魚就可以？

你吃過魩仔魚粥嗎？或者便利商店也有賣過魩仔魚飯糰，那一口吞下就是幾十條的小魚，在一口吞下牠們之前，你應該先知道牠們是怎麼來的。科學家研究得知，我們吃的魩仔魚多數是日本鯷、刺公鯷、異葉公鯷等鯷科魚類中2～3種之幼魚，這些魚的生命週期短，有些人認為牠們族群數量多，即使不捕撈，在海中也會自然死亡。

但捕撈這些魩仔魚，可能會意外導致其他魚類的死亡。因為在捕撈過程中，網中常常會混獲其他魚類的幼魚，而這些意外入網的小魚在上岸進入市場之前會被挑出，留下模樣幾乎一致的魩仔魚。所有大魚都有小時候，當我們把那些小魚都抓走了，哪來的小魚變大魚呢？無論是粥或是飯糰，你一口吞下的數十條小魚背後，可能有更多意外被犧牲的生命。

因此挑選魚的時候，最好用「底食」原則，找食物鏈較底層、族群量較多的小型魚，例如鯖魚、秋刀魚等，牠們成長的速度比高級消費者快多了，資源回復力也比較強，也盡量避免有混獲風險的魚類。此外，養殖魚會比海洋捕撈魚來得好，而且養殖魚也該選食用植物性餌料的吳郭魚、鯉魚等。透過生態觀點來選擇魚獲，才能達到資源永續利用，否則總有一天，我們的海洋裡只剩下水母可以吃了。科

什麼？鮪魚跟鮭魚都不能吃！？

鯖魚和秋刀魚也很好吃呀～

簡志祥 新竹市光華國中生物老師，以「阿簡生物筆記」部落格聞名，對什麼都很有興趣，除了生物，也熱中於 DIY 或改造電子產品。

如何聰明吃魚？

國中生物教師　謝璇瑩

主題導覽

你想過為什麼市場沒有賣獅子肉嗎？為什麼大型魚如黑鮪魚、鯊魚肉中常含有較多的汞呢？吃掉生態系中的「高級消費者」，到底會為環境帶來哪些衝擊？又會使我們的身體增加哪些風險呢？我們要如何挑選食用的海鮮，才說得上是聰明吃魚呢？這篇文章就要告訴我們怎樣選擇食用的海鮮，才能友善環境也降低我們攝取到汙染物的風險。

閱讀完文章後，你可以利用「關鍵字短文」和「挑戰閱讀王」了解自己對這篇文章的理解程度。「延伸知識」中能量塔和關鍵種可讓你更了解高級消費者在生態系中的存在意義。水俁病的介紹則讓你能更了解生物累積造成的後果，希望可以幫助你深入認識永續飲食的觀念。

關鍵字短文

〈如何聰明吃魚？〉文章中提到許多重要的字詞，試著列出幾個你認為最重要的關鍵字，並以一小段文字，將這些關鍵字全部串連起來。例如：

關鍵字：1. 能量　2. 生產者　3. 消費者　4. 食物鏈　5. 生物累積

短文：能量會在食物鏈中傳遞，也會在傳遞的過程中散失。生態系中的生產者經由光合作用，利用陽光提供的能量，初級消費者藉由攝食生產者以獲得能量，高級消費者再經攝食初級消費者來獲得能量。經由食物鏈傳遞能量的過程中，大部分的能量散失了，只有小部分能量留存。但是生物體內的汙染物，卻會以生物累積的方式累積在高級消費者的體內。

關鍵字：1.＿＿＿＿　2.＿＿＿＿　3.＿＿＿＿　4.＿＿＿＿　5.＿＿＿＿

短文：＿＿＿＿＿＿＿＿＿＿＿＿＿＿＿＿＿＿＿＿＿＿＿＿＿＿＿＿＿＿＿＿＿＿＿

＿＿＿＿＿＿＿＿＿＿＿＿＿＿＿＿＿＿＿＿＿＿＿＿＿＿＿＿＿＿＿＿＿＿＿＿＿＿

＿＿＿＿＿＿＿＿＿＿＿＿＿＿＿＿＿＿＿＿＿＿＿＿＿＿＿＿＿＿＿＿＿＿＿＿＿＿

挑戰閱讀王

看完〈如何聰明吃魚？〉後，請你一起來挑戰以下題組。

答對就能得到👍，奪得 10 個以上，閱讀王就是你！加油！

☆「試想當超市可以合法販賣獅子這種高級消費者的肉，養殖戶該怎麼飼養獅子來
供應民眾的需求呢？假設養大一頭獅子需要 20 頭牛，獅子肉的價格至少會是牛
肉的 20 倍。」請根據這段文字回答下列問題。

（　）1.食物鏈中有能進行光合作用的生產者、吃生產者的初級消費者和吃初級消
費者的高級消費者。文中的「獅子」屬於何者？（答對可得 1 個👍）
①生產者　②初級消費者　③高級消費者　④以上皆非

（　）2.根據文中的敘述，要維持「玉米→牛→獅子」這樣的食物鏈，哪種生物個
體所需的數目最多？（答對可得 1 個👍）
①玉米　②牛　③獅子　④三者所需個體數目相當

（　）3.承上題，能量在食物鏈傳遞的過程中會散失。當我們攝食上述食物鏈中的
何種生物，能量散失最少？（答對可得 1 個👍）
①玉米　②牛　③獅子　④皆不會造成能量散失

（　）4.敏敏在書上讀到「鮭魚養殖消耗掉的魚比產出的鮭魚還多：生產一公斤的
鮭魚要耗去三公斤的魚渣粉」。造成這種現象的原因最可能是下列何者？
（答對可得 2 個👍）
①魚渣不適合鮭魚食用
②將其他魚類加工成魚渣飼料會散失能量
③養殖鮭魚的生長速率比野生鮭魚緩慢
④魚渣提供的養分在轉換成鮭魚的重量時會有耗損

☆美國黃石公園中的灰狼是麋鹿的天敵，過去黃石公園曾經有許多灰狼，後來灰狼
族群因為人類捕殺而大量減少。

（　）5.當灰狼族群大量減少，一開始麋鹿族群最可能會產生什麼變化？
（答對可得 1 個👍）

①麋鹿族群的大小不受灰狼數量影響　②麋鹿族群開始變大

③麋鹿族群開始變小　④麋鹿的死亡率變高

（　）6. 呈上題，麋鹿族群的改變，會影響到下列哪個族群？（答對可得 1 個👍）

①白楊木　②海狸　③北美灰熊　④以上族群皆會受到影響。

☆小敏讀完本篇文章後，對黃石公園的案例感到很有興趣。她上網查詢相關資料，資料中提到「確實有少部分的樹木因為麋鹿的減少而增加生長機會，但是狼群並不是唯一為黃石公園的生態系做出貢獻的動物。當時逐漸增加的美洲獅、灰熊肯定也發揮了影響力，更不用提 1990 年代蒙大拿州開放人類獵捕麋鹿的政策。若是把整個變化推給 14 隻灰狼，似乎有點太過簡化生態系的演變。」請依據本篇文章內容與這段補充文字，回答下列問題。

（　）7. 下列哪項因素無法促使麋鹿族群變小？（答對可得 1 個👍）

①狼群的加入　②美洲獅樹目的增加　③灰熊的捕食　④植被的增加

（　）8. 根據小敏查詢的資料判斷，下列敘述何者正確？（答對可得 1 個👍）

①生態系的演變很難用單一族群的變化來解釋

②大多數的樹木都因為麋鹿減少而增加生長機會

③狼群是唯一可影響麋鹿族群大小的因子

④人類對於黃石公園中的麋鹿族群大小毫無影響

☆難以被生物體排出的汙染物會累積在生物體內，並經由食物鏈層層傳遞，累積在食物鏈的各個階層中。上述的現象稱為「生物累積作用」或「生物放大作用」。

（　）9. 在「磷蝦→緋魚→鱈魚」的食物鏈中，何種生物的體內的汙染物濃度最低？

（答對可得 1 個👍）

①磷蝦　②緋魚　③鱈魚　④所有種類的魚體內汙染物濃度相同

（　）10. 從生物累積的觀點來看，我們在選購海鮮時，應該優先選購下列何者？

（答對可得 1 個👍）

①高級消費者如黑鮪魚　②生態系中數目較少的魚類

③使用植物性飼料飼養的虱目魚　④屬於幼魚的吻仔魚

延伸知識

1. **能量塔：** 生物可以依其在食物鏈中的位置分成不同的營養階層，像是生產者為第一級營養層，初級消費者為第二級營養層，次級消費者為第三級營養層並可依此類推。我們可以根據各階層所含的總能量來繪製圖形，表達各營養層間生物能量的傳遞關係。由於能量在食物鏈轉移的過程中，大部分會以熱能的形式散失，每一營養階層的能量會隨著營養階層的上升而遞減，形成一個正立金字塔的形狀，所以稱為能量塔。

2. **關鍵種：** 在一個生態系中，如果單一物種的存在與否，會影響群集中其他相關物種的存活與多樣性，這個物種就可以被視為關鍵種（又稱為**基石種**）。有些科學家認為關鍵種應具有「對此關鍵種所存在的生態系具有高度影響，但在生態系中所占的量很小」的特性，生態系中的關鍵種常常是生態系中的高級消費者。在本篇文章中，黃石公園的灰狼就是當地生態系的關鍵種。

3. **水俁病：** 水俁病是有機水銀中毒，最初是在日本水俁灣附近的村莊發現患者，所以命名為水俁病。水俁病的原因是當地工廠將有機水銀排入海灣，海灣中的有機汞汙染物經由生物累積作用在食物鏈中累積，當地人食用受汙染的魚後得病。水俁病的患者可能的症狀有運動障礙、失智、聽力及語言障礙等，嚴重時會精神錯亂甚至死亡。

延伸思考

1. 臺灣魚類資料庫網站提供了「臺灣海鮮選擇指南」，介紹挑選海鮮的原則，將海鮮分為「建議食用」、「斟酌食用」，以及「避免食用」三類。請連上網站 bit.ly/3b4RUm3，看看如何吃魚才聰明。

2. 請查一查常見的捕魚法，這些方法會對海洋環境和魚類族群造成什麼影響？並試著整理出表格來說明。同時依據你整理的資料，寫出你的海鮮選購指南。

3. 有些科學家對於黃石公園的案例有不同的看法。請上網搜尋各種對黃石公園案例的看法，並想一想，你覺得如何解釋黃石公園的案例最合理？

4. 福島核災之後，我們都很擔憂吃到「核食」。你能不能以「生物累積」的觀點，說明帶有放射性的輻射塵可能如何在海洋食物鏈中累積？

垂直農場

農地疊疊樂

保證新鮮喔！

科少超市

產地直銷

寸土寸金的都市要種菜確實難如登天，如果把農地切一切，
像疊疊樂一樣層層往上堆，變成垂直農場，就能大大節省農地面積，
讓繁華水泥都市也能種出美味的蔬菜。

撰文／林慧珍

「民以食為天」，為了吃飽吃好，人類一直在精進農業的技術，以增加糧食的品質以及生產量，但為了讓我們能在市場買到外觀漂亮又美味可口的蔬果，現代農業使用化學肥料、殺蟲劑、除草劑等來維持農田的產量，卻衍生許多環境問題。

隨著地球人口愈來愈多，居住空間也愈來愈擁擠，需要更多農地來生產糧食。根據估計，到了 2050 年，人口突破 90 億大關的時候，我們至少還需要一個巴西（約 236 個臺灣）那麼大的土地來種植農作物和飼養牲畜，才夠養活全世界的人。可是地球的自然環境已經過度開發，生態系統亮起了紅燈，環境汙染也日趨嚴重，氣候變遷又讓環境問題變得更複雜，在這種情況下，我們哪有這麼多土地能用來種植農作物呢？這真是個令人憂慮的難題。

▲垂直農場利用層架來種菜，就像是把農田切成一塊一塊，往上堆疊。

將農地層層疊起

大約十年前，美國哥倫比亞大學教授戴斯波米耶（Dickson Despommier）開始積極提倡在都市地區設立「垂直農場」的構想，這是他和學生透過課堂討論、醞釀多年的點子，希望能夠解決農地不足以及生態環境持續遭受破壞的困境。漸漸的也有些企業投入，嘗試在鄰近市區的地點建置垂直農場，如果未來能累積足夠成功經驗並擴大規模，或許我們的糧食危機可以得到解決。

戴斯波米耶所提出的垂直農場，基本上就是「向上發展」的農場，你可以把它想像成一個個堆疊起來的溫室：有可能一樓是超市賣場、二樓養魚、三樓種菜……或者是在一個屋頂挑高的樓層當中，把種植蔬菜水果的架子，一層一層向上堆疊，甚至在頂樓加裝風力或太陽能發電設備，提供種菜養魚需要的能源。

不像傳統的農田是「橫向發展」，把作物種在土地上，土地有多大，就只能有那麼大的種植面積。垂直農場突破土地面積的限制，蓋在空地不是很大的都市周邊地區，或甚至直接利用市區裡已經廢棄的倉庫，就種出許多新鮮好吃的蔬菜水果。

繪圖：林麗娟、曾建華；圖片來源：Valcenteu

高科技種出美味蔬菜

垂直農場基本上就是運用許多現代農業已經存在且趨於成熟的技術，經過調配組合，達到在人工控制的室內環境下、終年生產高品質蔬果的目標。

它所需要用到的技術，包括人工光照、溫度控制系統、水耕、氣霧耕等，目前都已經存在，它甚至可以延伸搭配魚菜共生系統，用魚糞便裡的有機養分來供應作物生長，一方面做到資源循環利用，另一方面增加食物生產的種類。

因為是在嚴密的人工控制下進行種植的生產環境，只要有足夠的農藝知識，能深入探討不同農作物的種植技巧，知道它們在不同生長階段對於溫度、光照、水分、營養素等各項條件的需求，了解如何誘發它們長出頭好壯壯的枝葉及甜美的果實，就可以在不受季節、氣候的影響下，全年提供品質穩定的農作物。

不再需要擔心乾旱、水災、寒害、高溫等問題。當然也不會有病蟲害問題，不必使用殺蟲劑，如此，消費者可以吃得更安心。

當然，垂直農場的運作需要仰賴各種人工設施，因此會耗用電力及熱能，為了減少耗費太多資源，反而造成更多碳排放，規劃設計的時候必須盡可能採用省電節能的光照及灌溉系統，並且善用各種再生能源，例如太陽能、風力等，甚至可以用採收農作物剩餘的材料（例如玉米的莖之類）當成燃料，來產生額外的能源。

▲室內種植作物如果光照不足時，可以使用人工光照來提供作物生長所需，植物只需要特定的色光就能成長，因此使用 LED 色光源能節省許多能源。

農場就在住家旁

把垂直農場蓋在鄰近市中心之處，有許多附加好處。從消費者的角度來看，最大的優點就是可以就近買到新鮮蔬果，不像現在我們在市場裡買到的蔬菜水果往往來自其他縣市，或甚至從國外坐飛機、搭船越洋而來，從採收、整理、裝箱，乃至運送到賣場的過程，可能經過好幾天，已經不那麼新鮮了。而且儲存及運送食物的過程愈長，不但蔬果損傷的風險更高，造成浪費，也需要消耗更多資源，產生額外的碳排放。假如垂直農場就蓋在你家附近，這些風險和浪費都可以減到最小。

種菜的技術

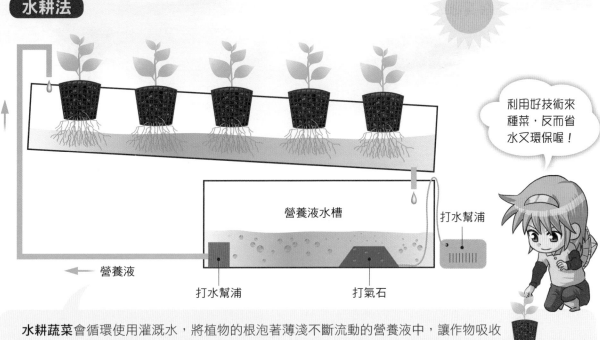

水耕法

利用好技術來種菜，反而省水又環保喔！

營養液水槽

打水幫浦

打氣石

打水幫浦

← 營養液

水耕蔬菜會循環使用灌溉水，將植物的根泡著薄淺不斷流動的營養液中，讓作物吸收成長需要的各種礦物質、營養成分，這樣植物的根就不會缺氧，也大大節省用水量。

氣霧耕法

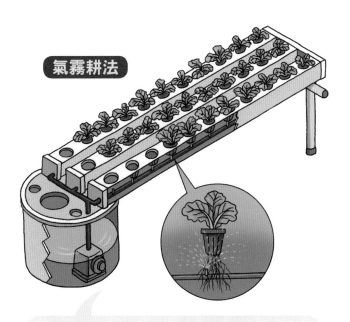

氣霧耕是將蔬菜懸浮在半封閉的環境中，噴灑營養液供給植物吸收，通常這樣的植物能不受害蟲和疾病影響，長得會比一般種植的植物更健康快速。

魚菜共生法

硝酸鹽被植物吸收

細菌將氨轉成硝酸鹽

去除氨的乾淨水流回魚缸

魚排出含氨的糞便

魚菜共生是將養魚的水供給蔬菜澆灌，魚的糞便含有植物生長所需的氮元素，而蔬菜吸收氮元素之後的水能再次讓魚使用，而不需要時常更換養魚的水。

圖片來源：NASA、達志影像；繪圖：林麗娟

讓土地休養生息

假如未來垂直農場數量夠多，生產的效率讓人們足以溫飽，能紓解傳統農地的生產壓力，人類就不需要繼續砍伐森林來開墾農田，甚至可能讓不再使用的多餘農地休養生息，慢慢恢復成原本的自然生態。

傳統農地耕種常使用化學肥料及農藥，這些化學物質往往跟著灌溉水向下流入地下水層，持續累積之後造成土地的汙染；殘留在田地的化學成分也可能在大雨後跟著洪水流往河川下游，造成河口地區的汙染，讓魚蝦跟著遭殃。然而垂直農場不但灌溉水用量少，且不會排放含有農藥、肥料的廢水，造成所謂的「農業逕流」問題。

◀農地使用的除草劑、農藥常會隨著灌溉水流出形成逕流，而汙染周圍的土壤。

淨化水質

在垂直農場的構想當中，不但可以生產糧食或藥草，還能有附加用途，例如把垂直農場當成一個生物反應系統，利用植物來幫忙淨水。因為都市人口密集，每天排出的廢水十分可觀，可是經過初步處理的都市廢水往往只是排進河流，相當可惜。

戴斯波米耶和學生的這個點子，就是在都市裡建造一個專門用來淨化汙水的垂直農場，把經過汙水處理廠初步處理的廢水做為灌溉植物的水源，植物吸收其中的有機養分並經過代謝後，會從葉片蒸散水分，還可以利用除溼機的原理加以收集利用。

推廣與阻礙

垂直農場的構想提出之後，很快就引起廣大的迴響及討論，也激發了許多的想像，近年來更有各式各樣關於都市垂直農場建築的

圖片來源：GNU-FDL、Pixabay、Denfer007、Cjacobs627：繪圖：林麗娟

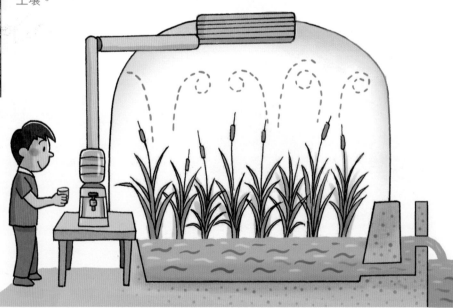

▶利用溼地植物的過濾能力將水淨化，再透過除溼裝置收集植物散發的水氣，就能當成乾淨的飲用水。

▲同樣的蔬菜，由水耕和土耕種植出來的會長得有點不同，也會比較矮小，因此許多消費者有疑慮。

設計雛型紛紛出籠，投入實驗的也不少。目前在美國、加拿大及新加坡的一些都市中，都已出現一些以垂直農場為概念而設立的都市農場，正在測試各種技術的可能性以及市場的接受度。

另一方面，也有人認為垂直農場並不可行，其中的一個障礙是消費者的主觀感覺。垂直農場採取人工光照、水耕種植，就像現在的許多溫室水耕蔬菜一樣，總是有些人會覺得這種方式太過人工，加在水裡的成分讓他們覺得疑慮，吃起來並不安心，也有人覺得滋味不如土耕的好，或者作物因為缺乏真正充足陽光照射而使營養成分大打折扣。

同時，垂直農場也無法完全取代傳統農業，畢竟不是所有農作物都能用室內水耕技術栽培，有些作物例如果樹，目前仍然需要土壤種植，因此垂直農場能生產的作物種類還是相當有限。

永續經營

垂直農場能否成功推廣，主要關鍵還是效益能否大過成本及缺點。蓋一座垂直農場需要的硬體、耕種需要跨領域的知識和技術、運作需要的電能與人力……這些都是成本。

到底販賣產品及副產品的收入能不能支應所需要的花費，讓經營者真正賺到錢而消費者也負擔得起，固然對投資的人來說非常重要，但另一方面，從解決地球環境問題的角度來看，垂直農場所造成的碳排放較低，比起傳統農業方式更不需製造肥料、使用農業機具、運送農產品等，也是應該考慮的重點，如果垂直農場能成功推廣到各個大都市，能生產糧食還能減少破壞自然環境，那就真的太棒了！ 科

▲新加坡地小人稠，農作物幾乎依靠進口，目前已經有許多垂直農場開始運作，有的就設計不使用 LED 照明，設法讓植物接收陽光照射來生長，蔬菜塔靠水泵系統驅動，每天僅花費 60 瓦燈泡的用電量。

作 者 簡 介

林慧珍　從小立志當科學家、老師，後來卻當了新聞記者以及編譯，最喜歡報導科學、生態、環境等題材，為此上山下海都不覺得辛苦。現在除了繼續寫作、翻譯，也愛和兩個兒子一起玩自然科學，夢想有一天能夠成為科幻小說作家。

農地疊疊樂──垂直農場

國中生物教師　謝璇瑩

主題導覽

你知道我們隨時會面臨「糧荒」的危機嗎？據推測，現在全球有 10 億人口面臨飢餓，如何有效率的解決糧食不足的困境？又要如何才能減少農產品運送的碳足跡呢？〈農地疊疊樂──垂直農場〉這篇文章為我們提出糧荒可能的解方和減少農產品運送碳足跡的想法，還可以讓農地休養生息、減少農業汙染！

閱讀完文章後，你可以利用「關鍵字短文」和「挑戰閱讀王」了解自己對這篇文章的理解程度；「延伸知識」中介紹負荷量，讓你更明白垂直農場的設計在生態上的意義，氣霧耕法讓你知道，不用土壤的耕作方式，農業逕流則探討傳統農業可能帶來的問題，希望可以幫助你更深入的認識本篇文章的內容。

關鍵字短文

〈農地疊疊樂──垂直農場〉文章中提到許多重要的字詞，試著列出幾個你認為最重要的關鍵字，並以一小段文字，將這些關鍵字全部串連起來。例如：

關鍵字：1. 負荷量　2. 栽種技術　3. 非生物因子　4. 農業逕流　5. 碳排放

短文：農地有產量的上限，也就是它的負荷量。若人口繼續增長，地球上的土地將無法養活全部的人。有學者提出「垂直農場」可能是解決問題的方法──在玻璃高樓中，利用室內種植的栽種技術，提供作物所需的非生物因子來進行農作物栽種。垂直農場不會產生農業逕流，將農場設置在城市附近，還可減少農作物運輸的碳排放。目前垂直農場的概念尚在測試中。

關鍵字：1._____ 2._____ 3._____ 4._____ 5._____

短文：_____

_____

_____

挑戰閱讀王

看完〈農地疊疊樂——垂直農場〉後，請你一起來挑戰以下題組。

答對就能得到👍，奪得 10 個以上，閱讀王就是你！加油！

☆「根據估計，到了 2025 年，人口突破 90 億大關的時候，我們還需要一個巴西（約 236 個臺灣）那麼大的土地來種植農作物和飼養牲畜，才能夠養活全世界的人。」請根據本文回答問題。

（　）1.根據文中內容，人口增長和農作物產量的增長速率應該為下列何種關係？
（答對可得 1 個👍）

①人口增長較快　②農作物產量增長較快　③兩者增長速度相同

（　）2.學者提出垂直農場的概念以增加農作物產量，下列何者不是垂直農場能增加農作物產量的原因？（答對可得 1 個👍）

①增加灌溉水量　②增加種植面積

③控制植物生長所需條件　④使用高效率的種植法

☆垂直農場常採用的栽種技術有水耕法、氣霧耕法和魚菜共生法，請你依據對這些耕種方式的認識，回答下列問題。

（　）3.上述哪種耕作法可以最省水？（答對可得 1 個👍）

①水耕法　②氣霧耕法　③魚菜共生法

（　）4.水耕法須將植物根泡在淺薄、不斷流動的營養液中，要是營養液不流動，最有可能造成哪個後果？（答對可得 2 個👍）

①植物根無法吸收礦物質　②植物根無法吸水

③植物根無法呼吸　④植物根無法進行光合作用

（　）5.魚菜共生法利用養魚的水灌溉作物，這是為了提供下列哪種元素給農作物使用？（答對可得 1 個👍）

①碳元素　②氧元素　③氫元素　④氮元素

（　　）6.科學家想要在太空站中種植農作物，希望可以盡可能減少土壤介質和水的使用。你認為科學家最有可能選擇下列哪種栽種法，在太空站中種植農作物？（答對可得2個👍）
　　　　①水耕法　②氣霧耕法　③魚菜共生法

☆垂直農場除了可以增加耕作面積之外，還可能帶給環境一些正面的效益。請你回答下列有關垂直農場的問題。

（　　）7.下列何者不是垂直農場比傳統農耕更有優勢的地方？（答對可得1個👍）
　　　　①減少肥料使用　②減少農藥使用　③減少灌溉水量　④減少能源使用

（　　）8.下列有關垂直農場的敘述何者為非？（答對可得1個👍）
　　　　①可以種植所有類型的作物　②可以減少運送農作物的碳排放
　　　　③可以用來淨化都市廢水　④可以減少農業逕流

延伸知識

1.**負荷量**：在任一生態環境中，由於食物與空間的限制，生物的族群大小不會無止境增加。在某個特定地區中，最多能維持某一特定生物族群的最大量，就是負荷量。例如陽明山夢幻湖中可以維持的臺灣水韭個體的最大數量，就是它的負荷量。負荷量會受到環境中的各項因子影響，例如溫度、雨量、養分和食物是否容易獲得等。

2.**氣霧耕法**：氣霧耕法不需要土壤等介質就可以栽種植物，將植物植株直接暴露在氣霧環境中，讓植物從霧氣中直接吸收所需的養分。現行使用的氣耕法是由NASA的太空栽種計畫改良而來，太空人也已在國際太空站利用氣耕法成功種植多種農作物。

3.**農業逕流**：現代農業會在耕種的過程中使用各種農業化學物質（如氮肥、磷肥、殺蟲劑、除草劑等），當地表降雨形成逕流時，這些農業化學物質會透過逕流輸送，汙染土壤、地下水和河川等。肥料如氮肥、磷肥被沖刷到水域中，可能會造成水域藻類增生，使水域優養化，影響水中其他生物生存。

延伸思考

1. 文章中介紹了垂直農場的好處及疑慮，請你試著以表格的形式呈現。想一想，你會願意購買垂直農場生產的作物嗎？請試著說出你的看法和理由。

2. 文中介紹了三種可以應用在垂直農場的種植技術。請上網查這三種耕種法的特性以及適用的作物。想一想，當你要建造垂直農場時，會選擇哪些方式進行栽種，並說明你選擇的理由。

3. 「農業逕流」是目前的農業生產過程中難以避免的問題。請上網查一查農業逕流會帶來哪些問題？又有哪些可能的解決方式。

別再怕蔬菜了

苦瓜好苦、茄子看起來好噁心、青椒又有奇怪的味道，
它們是多數人最討厭的食物之一，但其實苦瓜、茄子
和青椒是很無辜的，它們既營養又健康喔！

撰文／席尼

不論是董氏基金會、兒童福利聯盟，還是教育部的調查，學生討厭的食物前三名，都離不開苦瓜、茄子和青椒。它們被討厭的理由不外乎吃起來會苦、聞起來有草青味，或是質地過於軟爛而感到噁心……。討厭苦味或是草青味不是你的問題，這其實是隱藏在我們基因裡的本能，然而只要經由適當的挑選與烹調，我們依然能享有這些蔬菜的美味與營養，它們含有豐富膳食纖維、維生素、礦物質以及其他的植物營養素，勇敢的吃下它們，對身體有很多好處，現在就來一一為它們平反吧！

吃苦瓜讓你不再豆花臉

苦瓜是葫蘆科植物，幾乎全年都吃得到。它跟絲瓜、西瓜和甜瓜是遠房親戚，基於碳水化合物含量上的差異，苦瓜與絲瓜被歸類為蔬菜；西瓜與甜瓜則被歸為水果。苦瓜的外觀長滿突起瘤狀物，表面突點愈細的愈苦，顏色深的也會比較苦。

在日本沖繩居民飲食西化之前，沖繩是世界最長壽的地方，其中一項因素很可能就是「苦瓜」。在他們日常飲食裡頭，苦瓜是相當基本的食材。由於苦瓜是蔬菜類，熱量並不像西瓜那麼高，不用擔心吃太多會胖這件事。苦瓜含有豐富的維生素 C，對於青春痘的預防與改善有相當大的用處。除了基本的維生素與礦物質外，苦瓜果實中還有一種名為苦瓜苷的含醣化合物。研究發現該成分具有降血糖的功效，有預防第二型糖尿病的潛力。

苦瓜苦味的來源是「奎寧」，主要存在於種子。怕苦的人可以在料理前將苦瓜的種子和內層瓜囊括除乾淨，就能降低不少苦味。

而苦瓜炒鹹蛋更是推薦做為嘗試吃苦瓜的料理方式，因為這樣的組合可以讓苦味緩和許多。也許之後你就會愛上那種剛吃進去微苦、嚼後卻有些許回甘的美味感受。

俗話說的好：
「吃得苦中苦，
方為人上人。」

除了維生素 C，
我還有苦瓜苷，
可以降血糖喔！

苦味與生物的演化

苦味是動物辨識植物毒物，藉以迴避的生存策略；這句話反過來說也行，植物為了避免被動物吃掉，而產生一些具苦味的化學物質，增加植株或種子的生存機率。

大多數動物的味覺都演化成不喜歡會苦的東西，藉此避免吃下可能有毒的物質。在自然界裡有些嚐起來會苦的植物，被動物或是人吃了可能會造成身體不適，嚴重者還會死亡。以馬鈴薯來說，發芽時會有茄鹼生成，味道會變得苦澀，吃幾口可能就會有嘔吐、噁心、腹痛、腹瀉等症狀，即便把長芽的部分挖除，茄鹼還是會存在其他部位。所以如果你發現馬鈴薯發芽了，絕對不要吃喔！

繪圖：粗心小王子

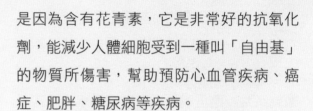

吃茄子保持好身材，還可抗氧化

茄子是屬於茄科的植物，是菜椒還有番茄的親戚，它還有個很可愛的英文名字「eggplant」。18世紀中期的時候，有些歐洲人栽種出來的茄子品種顏色是黃色或白色，長得有點像鵝蛋，因此稱為「eggplant」。不過，茄子在亞洲的品種外形比較長，所以我們很難從外觀去聯想到它的英文名字。

茄子大部分的營養素分布在紫色外皮，因此吃的時候要連皮一起吃。它含有除了維生素B12以外的維生素B群，這群維生素在維持身體正常能量代謝的過程當中扮演著相當重要的角色，想要控制體重，擁有足夠的維生素B群是必須的。此外，茄子的紫色是因為含有花青素，它是非常好的抗氧化劑，能減少人體細胞受到一種叫「自由基」的物質所傷害，幫助預防心血管疾病、癌症、肥胖、糖尿病等疾病。

不管是哪一種品種的茄子，內部都是海綿狀，細胞與細胞之間充滿許多小氣穴，一經烹調就會塌陷，呈現軟軟爛爛的樣子，雖然這是它最主要被嫌棄的原因，卻能利用這樣的特性賦予咖哩更為濃郁的口感，或許你曾經在不知情的狀況下吃下茄子呢！而鮮豔的紫色外皮，也常在烹煮過後變成醜醜的褐色，看起來不是很美味。倘若真的無法接受軟軟的茄子，那用烤的或是炸的，就能保有茄子部分的結構，咬起來不會過於軟爛。不希望茄子變色的話，可以在烹煮前稍微油炸一下，就能保持漂亮的紫色囉！

> 我的紫色外衣超營養，含維生素B還有花青素。

> 身為「血管清道夫」，我能預防心血管疾病喔！

天然的酸鹼指示劑——花青素

花青素是一種水溶性的植物色素，存在植物的花、果實、葉子裡，在不同的酸鹼度下，會轉變成不同的結構，並呈現不同的顏色，富含花青素的蔬果通常會呈紫色，如紫色高麗菜。

紫色高麗菜的花青素在酸中會呈紅色，在中性呈紫色，在鹼中則呈黃綠色。你可以試著將紫色高麗菜葉切成碎片，再加一些熱水浸泡5～10分鐘，花青素會被溶解出來，就製成花青素溶液了。在花青素溶液中加入不同酸鹼度的溶液，看看它會變成什麼顏色！

維生素Ｃ之王──青椒

青椒是指青色的菜椒，正確名稱應該是「甜椒」或「番椒」，是茄科辣椒屬的變種。被稱為青椒，是因為幼果期的番椒顏色就是綠的。我們常看見的黃色或是紅色甜椒其實只是不同成熟度的同一種植物。

青椒的維生素Ｃ含量特別的高，每100公克的青椒就含有94毫克的維生素Ｃ，是所有蔬菜中的王者，連奇異果也被打趴。只要生吃64公克的青椒，就能滿足一天的維生素Ｃ需求。只是我們大多吃煮過的青椒，而維生素Ｃ是水溶性的，很容易流到湯汁當中，因此水煮會使青椒流失相當比例的維生素Ｃ，若是用油炒的話，幾乎就能保留維生素Ｃ的含量。

青椒是辣椒的親戚，這也讓它跟辣椒一樣，擁有具辛辣風味的辣椒素，只是含量很少，因此吃起來只會帶有一點點的辣或甚至感覺不到。青椒比較適合用烤的、油炸或是跟牛肉一起烹調，這樣能讓青椒吃起來變得鮮甜，整個味道的層次更為豐富美味。

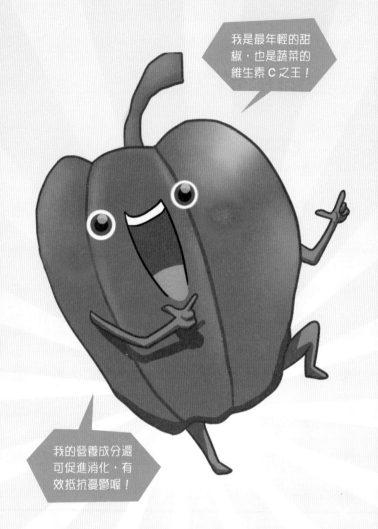

我是最年輕的甜椒，也是蔬菜的維生素Ｃ之王！

我的營養成分還可促進消化，有效抵抗憂鬱喔！

維生素Ｃ易流失？

常聽到「蔬菜烹調後維生素Ｃ會流失」，其實維生素Ｃ的流失跟烹調方法有很大的關係。日本食品標準成分表裡，針對蔬菜個別做了水煮及油炒的營養成分分析，發現水煮會使蔬菜的維生素Ｃ流失一大半；油炒僅會失去一點點。維生素Ｃ的流失主要是水溶性與容易氧化的關係，所以水煮或是煮太久都會影響維生素Ｃ的存留量。

回想一下你與討厭的蔬菜或食物第一次接觸的時刻，你是在什麼樣的情況下吃到它們的呢？食材新鮮嗎？是否用合宜的方法處理了呢？經過上述的平反，你已經知道它們既營養又健康，對你的身體有諸多好處，那你是否願意再給它們一次機會，滿足你的味蕾並滋養你的身體呢？請再試試看吧！

作者簡介

席尼　本名江奕賢，本業是營養師，因成立「營養共筆」部落格而聞名。著有《營養的迷思》、《營養的真相》等書。

繪圖：粗心小王子

別再怕蔬菜了

國中生物教師　謝璇瑩

主題導覽

　　說起大部分人不愛的食物，苦瓜、茄子和青椒肯定榜上有名。苦瓜嚐起來是苦的，茄子和青椒有個怪味，為什麼還是有人喜歡吃？這些討厭的食物為什麼會成為父母指定要你吃的食物呢？

　　〈別再怕蔬菜了〉這篇文章，為我們解釋苦瓜、茄子和青椒為什麼會有與其他植物不同的特殊風味，以及吃下它們可以獲得哪些益處。閱讀完文章後，你可以利用「關鍵字短文」和「挑戰閱讀王」了解自己對這篇文章的理解程度；「延伸知識」中補充了「生物鹼」，以及「辣椒素」為何使我們感到又熱又痛，除此之外還介紹了缺乏維生素 C 可能造成的後果。希望可以幫助你更深入理解蔬菜，增加你吃蔬菜的勇氣！

關鍵字短文

　　〈別再怕蔬菜了〉文章中提到許多重要的字詞，試著列出幾個你認為最重要的關鍵字，並以一小段文字，將這些關鍵字全部串連起來。例如：

關鍵字：1. 苦瓜苷　2. 維生素　3. 花青素　4. 生理機能　5. 有益健康

短文：苦瓜的苦味來自種子，只要刮除種子就可以減少苦味。而且苦瓜含有豐富的維生素 C，以及可能預防糖尿病的苦瓜苷。茄子富含維生素 B 群和花青素，可以維持人體的生理機能，還能預防多種疾病。青椒的維生素 C 含量特別高，用油炸的方式可以保存最多維生素 C。這些蔬菜雖然不是人人愛吃，但是都有益健康。

關鍵字：1.＿＿＿＿＿　2.＿＿＿＿＿　3.＿＿＿＿＿　4.＿＿＿＿＿　5.＿＿＿＿＿

短文：＿＿＿＿＿＿＿＿＿＿＿＿＿＿＿＿＿＿＿＿＿＿＿＿＿＿＿＿＿＿＿＿＿＿＿＿＿

＿＿

＿＿

＿＿

挑戰閱讀王

看完〈別再怕蔬菜了〉後，請你一起來挑戰以下題組。

答對就能得到👍，奪得 10 個以上，閱讀王就是你！加油！

☆苦瓜是帶有苦味的蔬菜，請你回答下列有關苦瓜的問題。

（　）1.苦瓜和絲瓜、西瓜和甜瓜同屬葫蘆科的植物，但是苦瓜和絲瓜被歸類為蔬
　　　　菜，西瓜和甜瓜則被歸為水果。請問這樣分類的依據為何？

　　　　（答對可得 1 個👍）

　　　　①瓜果的體型差異

　　　　②瓜果的蛋白質含量差異

　　　　③瓜果的維生素含量差異

　　　　④瓜果的碳水化合物含量差異

（　）2.苦瓜富含下列何種營養素？（答對可得 1 個👍）

　　　　①維生素 A　②維生素 B 群

　　　　③維生素 C　④維生素 D

（　）3.下列哪種物質是苦瓜的苦味來源？（答對可得 1 個👍）

　　　　①苦瓜苷　②奎寧　③茄鹼　④維生素 C

（　）4.植物演化出苦味有何演化意義？（答對可得 1 個👍）

　　　　①可增加植株生存機率

　　　　②可促進植物生長

　　　　③可增加植物風味

　　　　④可使授粉成功率上升

☆茄子屬於茄科的植物，是許多人懼怕的蔬菜。請你回答下列有關茄子的問題。

（　）5.茄子的營養素主要分布在哪個部位？（答對可得 2 個👍）

　　　　①海綿狀果肉　②紫色外皮　③蒂頭　④種子

（　）6.下列何種營養素不是茄子所具有的？（答對可得 1 個👍）

　　　　①維生素 B1　②維生素 B2　③維生素 B6　④維生素 B12

（　　）7. 下列有關花青素的敘述何者錯誤？（答對可得 1 個👍）

①是脂溶性的植物色素

②可作為抗氧化劑

③富含花青素的蔬果通常呈現紫色

④在鹼中呈現黃綠色

☆青椒是指青色的菜椒，正確的名稱應該是「甜椒」或「番椒」。幼果期的番椒呈現綠色，我們常見的黃色或紅色甜椒其實只是不同成熟度的青椒。請你回答下列關於青椒的問題。

（　　）8.「幼果期的番椒呈現綠色」，請問下列哪種食物和我們食用的青椒屬於同樣的器官？（答對可得 2 個👍）

①蓮藕　②蘋果　③番薯　④地瓜葉

（　　）9. 青椒含有豐富的維生素 C，而維生素 C 屬於水溶性的維生素。請問下列哪種烹調方式可以保留最多青椒中的維生素 C？（答對可得 1 個👍）

①放進火鍋中煮熟

②滾水短時間川燙

③用油快炒

④長時間燉煮

延伸知識

1. **生物鹼**：動植物體內含氮、具有鹼性的化合物。本篇文章中提到的奎寧、茄鹼、辣椒素和我們生活中常聽到的咖啡因、尼古丁、檳榔鹼等都是生物鹼。細菌、真菌、動物和植物都可能製造生物鹼，大部分的生物鹼對人體有毒（例如發芽馬鈴薯內所含有的龍葵鹼），也有少部分可以藥用（奎寧可以做為瘧疾用藥）。

2. **壞血病**：因為缺乏維生素 C 所引起的疾病。人類需要在飲食中攝取維生素 C 以製造膠原蛋白，當人體缺乏維生素 C 時，可能會感到虛弱、疲勞、手腳疼痛。若不即時補充維生素 C，會進一步造成貧血、牙齦疾病、皮膚出血等症狀，嚴重會導致傷口難以癒合、容易感染而導致死亡。

3. **辣椒素**：又名辣椒鹼，是一種植物體內的生物鹼。一般鳥類對辣椒素不敏感，而哺乳類食用辣椒素大多會產生灼熱的痛感。辣椒素會引起灼熱感，是因為辣椒素的受器除了對辣椒素產生反應以外，也會對超過 42℃ 的溫度產生反應，所以食用辣椒時會有又熱又痛的感覺。

延伸閱讀

1. 上網查查有哪些你熟悉的物質屬於生物鹼，它們會對人體產生什麼影響呢？

2. 文章中介紹了富含維生素 B 群及維生素 C 的蔬菜，延伸知識也介紹了維生素 C 缺乏可能導致的疾病。請你上網查一查維生素 B 群包含哪些種類的維生素，缺乏這些維生素可能導致哪些疾病。整理一個表格來比較與說明。

3. 辣椒素是辣味的主要來源。我們在外用餐時，常常看到餐廳的菜單標示辣度。你有想過「辣」到底該如何測量嗎？試著上網搜尋測量辣度的方法。想一想，你可以設計出測量「感覺」的方法嗎？

治療你還是安慰你？

自我感覺良好是否等於自欺欺人？
能隨時保持懷疑態度，搭配科學方法，
才能夠從我們一直深信不疑的假象中掙脫。

撰文／劉育志

「咳！咳！咳咳咳！咳！」一連串咳嗽讓莉芸滿臉通紅。

「你感冒了？」我問。

莉芸用手搗住嘴巴，點了點頭。

「妳可以喝檸檬汁加鹽巴。」威豪建議。

「也可以吃蒸洋蔥。」雯琪跟著發言。

「我媽還會把窗戶關起來，然後將醋倒進鍋子裡加熱，讓家裡充滿醋的蒸氣。」威豪又提供了一帖偏方。

文謙一聽便皺起眉頭，「什麼？醋的蒸氣能夠治感冒？」

「應該可以吧。」威豪聳了聳肩。

「我才不要咧，整個屋子都是酸味，應該很難聞吧。」莉芸捏住鼻子。

「你有試過嗎？」我好奇的問威豪。

「嗯，曾經試過幾次。」

繪圖：鄭永富

「覺得效果如何？」

「欸……」威豪想了想，道：「好像有點效果吧。」

千年偏方真有效？

「小志醫師，醋的蒸氣真的能夠治療感冒嗎？」顯然不相信此說法的文謙抬起頭問。

「引起感冒的病毒有很多種，目前大多沒有特效藥。」我說，「一般而言，感冒是『自限性疾病』，只要沒有出現其他併發症，幾天後便能自然痊癒。醋的蒸氣恐怕沒有幫助。」

「如果沒有幫助，為什麼我媽會覺得很有效，還常推薦給別人？」威豪問。

「類似狀況相當普遍，許多沒有實際療效的東西，經常在坊間口耳相傳，願意分享親身經驗的人也很多。」我問：「你們有聽過『安慰劑效應』嗎？」

看見他們面面相覷，我便繼續說：「這是個非常有趣的現象。當人們相信自己受到治療時，即使沒有任何療效的藥物也能發揮『療效』。」

「沒有任何療效的藥物也能發揮療效？」雯琪重述了這段有點繞口的敘述。

「是的。只要患者相信自己服用的藥物有效，便能產生一些效果。」我說：「剛剛你們提到的蒸洋蔥、醋蒸氣等偏方，大概都沒有實際療效，不過因為患者相信受到了治療，所以感覺病情改善。當感冒自然痊癒後，患者直覺認為是被這些偏方治好的，日後也會信心滿滿的跟其他人推薦。

於是各式各樣的偏方在街頭巷尾流傳，以訛傳訛。」

聽到這裡，威豪有點困惑的問：「小志醫師。可是，我媽說那些祕方都是古代幾千年流傳下來，難道真的沒有用嗎？」

「你們喝過香灰或符水嗎？」我笑著問。

「我小時候喝過。」雯琪舉起手。

「我好像也有。」文謙想了一想。

「從古至今，無論生病、發燒、小孩哭鬧不休，都有許多人服用香灰或符水。你們覺得香灰有療效嗎？」

同學們紛紛搖了搖頭。

「香灰當然沒有療效，不過因為安慰劑效應，讓他們感覺受到治療，所以就留傳了數千年。」

「再舉個例子。幾千年來，世界各地的人們都相信『放血』可以治病。」

「放血？」雯琪瞪大眼睛：「把血放掉？」

「沒錯，他們會用刀子切開血管，讓血液流掉。」

「好可怕！」

「發燒、頭痛、胸痛、腳痛、肚子痛，不管什麼病，全都用放血來治療。」我說：「他們結合占星術發展出一整套理論，講得頭頭是道，好像很玄、很厲害。當時的治療手冊告訴人們，在不同的部位放血就能治療不同的疾病。除了用刀片放血，還會捉水蛭幫病人吸血。」

「好噁心欸……」

「水蛭被當成『醫療器材』可是有超過千年的歷史。醫師會在患者身上的特定部位放

上多隻水蛭，讓牠們吸飽血液。」

「可是，失血過多不是對身體有害嗎？」
雯琪問。

「現在我們已經曉得血液的成分與功能，
所以會盡量避免失血。但在過去，人們認為
暗紅色的靜脈血是『病因』，欲除之而後
快。」我說：「後來，有醫師對放血的療效
提出質疑，並進行實驗，才讓放血療法漸漸
走入歷史。」

雙盲實驗

文謙想了一想，問：「小志醫師，既然吃
了沒用的藥也能產生效果，那醫師是怎麼分
辨一個藥物到底有沒有療效的呢？」

「很好，這就是近代醫學可以漸漸進步的
關鍵。」我說：「從前，醫師會拿藥物給患
者試用，如果病情改善，大家就認為『有
效』。但是在發現『安慰劑效應』之後，醫
師便曉得這種實驗方式需要改進。」

「怎麼改進？」

「研究人員會將受試者分為兩組，一組服
用『真藥』，一組服用『假藥』。『真藥』
含有藥物成分，『假藥』則僅是由澱粉或其
他填充劑製成的安慰劑。『真藥』和『假藥』
的外觀一模一樣，受試者完全不曉得自己吃
的是哪一種。」我說：「做完實驗後，如果
兩組患者的結果差不多，就代表該藥物沒有
顯著功效，僅有安慰劑效應。」

「的確是個好方法。」雯琪點點頭。

「後來，大家發現，假使研究人員知道哪
些受試者服用真藥，哪些受試者服用假藥，

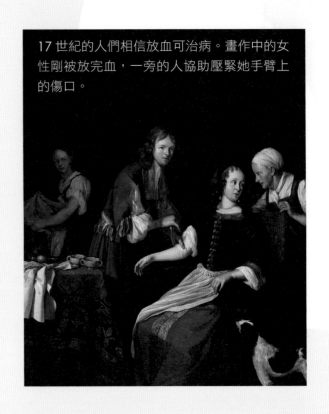

17 世紀的人們相信放血可治病。畫作中的女
性剛被放完血，一旁的人協助壓緊她手臂上
的傷口。

也可能會影響實驗結果。於是又進一步調整
實驗方式，讓研究人員自己也不曉得哪些受
試者服用真藥，哪些受試者服用假藥。如此
一來，實驗的可信度便能進一步提升。」

「對！這樣就能分辨藥物與安慰劑的差別
囉。」文謙眼睛一亮。

「是的。受試者不知道分組方式的試驗，
叫做『單盲試驗』；研究人員與受試者均不
知道分組方式的試驗，叫做『雙盲試驗』。」
我說：「直到實驗完成，大家才會揭曉受試
者的分組，然後進行分析，確認藥物的功
效。這個過程又稱為『解盲』。」

「原來『解盲』就是這個意思啊。」

「目前，新研發的藥物幾乎都會進行『雙
盲試驗』，讓我們可以較清楚的了解藥物的
作用與副作用。」我說：「而且，不只藥物
會有安慰劑效應，連手術也有類似狀況。」

關節鏡手術只是安慰你？

有一位骨科醫師做了以下實驗，將膝關節手術患者分為三組：A 組進行正常的關節清創、沖洗手術，B 組只進行沖洗，C 組則什麼也沒做，只在一旁製造手術的聲響，就將傷口縫起。結果三組患者的復原狀況，竟然相差無幾。

A 組	B 組	C 組

在患者的膝關節切開三個口，準備進行手術。

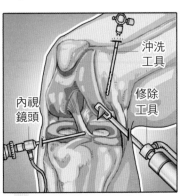

以器械修剪組織，並進行沖洗。

患者復原狀況良好，行動不便的情況獲得改善。

在患者的膝關節切開三個口，準備進行手術。

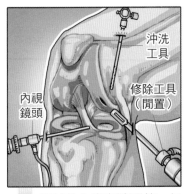

器械伸入患者膝關節，但只做沖洗，不做清創。

患者復原狀況良好，行動不便的情況獲得改善。

在患者的膝關節切開三個口，準備進行手術。

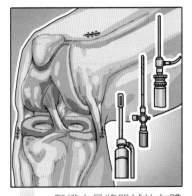

醫護人員將器械放在體外，製造出手術假音效後，直接縫合傷口。

患者復原狀況良好，行動不便的情況獲得改善。

「什麼？連開刀也有安慰劑效應！」

「是的，退化性關節炎就是一個相當具有代表性的例子。老年人的膝關節經常會疼痛、變形，嚴重時無法爬樓梯，連蹲下起身都有困難。很多骨科醫師會進行關節鏡手術，希望藉由沖洗、清創來改善患者的症狀。有位骨科醫師想要驗證手術效果，於是找來 180 位患者，將他們分為三組，一組是用關節鏡進行清創，一組用關節鏡進行沖洗，一組是安慰劑手術。」

「安慰劑手術要怎麼做？」莉芸問。

「這組患者同樣會被送進開刀房，麻醉後醫師便針對患處消毒、鋪上手術單，然後在膝蓋切開三道各一公分的傷口，位置跟關節鏡手術一模一樣。接著醫師在旁邊灑水製造關節鏡手術的音效，經過一段時間再把傷口縫起來，結束手術。爾後這三組患者會接受同樣的照顧，服用同樣的止痛藥。」

「結果呢？」文謙迫不及待的問。

「追蹤結果顯示，三組患者的症狀都改善了，他們走路、爬樓梯的功能也都沒有顯著差異。值得一提的是，大多數患者都相信自己接受了真正的手術。」

「哇！好神奇喔。」大家異口同聲。

「是呀，把皮膚切開再縫起來便能讓困擾多時的症狀改善，可見安慰劑效應對患者有多大的影響力。」

愈貴的藥愈好？

「最後再跟你們談個有趣的現象。」我說：「曾經有研究人員招募了八十幾位受試者，請他們試驗某種新藥的止痛效果。他們將受試者分成兩組，一組受試者給的藥丸標價為 2.5 美元，另一組受試者的藥丸則標價為 0.1 美元。接著，研究人員會在受試者手腕上貼電極片，並施予一連串不同強度的電擊，請受試者記錄疼痛的感覺，以評估止痛效果。」

「難道說藥價較高那一組，止痛效果比較好？」文謙問。

「沒錯，藥價較高那一組有 85.4％的受試者感到疼痛降低，藥價較低那一組僅有 61％的受試者感到疼痛降低。」

「哇！居然連藥物的價格也會影響受試者的感受耶！」

「更有趣的是，所有受試者服用的藥丸，都只是安慰劑。」我道。

「全部都是安慰劑！」雯琪吃驚的說。

「是的，不過顯然有大部分受試者認為疼痛改善了。」我說：「許多認為健保提供的藥物沒效，而願意花大錢購買來路不明的藥物，大概也是類似的心理作用。」

了解安慰劑效應，大家就曉得要確認某種治療的實際效果，遠比想像中複雜，唯有抱持「疑而後信」的態度，使用科學方法，我們才能抽絲剝繭、去蕪存菁，找到真正有效的治療，走出自欺欺人的迷霧。 卍

作者簡介

劉育志 筆名「小志志」，是外科醫生，也是網路宅男，目前為專職作家。對於人性、心理、歷史和科學充滿好奇。

治療你還是安慰你？

國中生物教師　謝璇瑩

主題導覽

　　你知道一些減緩身體病痛的小偏方嗎？其實許多偏方並不具有治療的功效，而是因為心理上的「安慰劑效應」，讓我們覺得身體的病痛得到舒緩。這篇文章就是要介紹這個神奇的效應，還為我們說明試驗新藥時，科學家要用什麼方式才能確定新藥的療效不是來自安慰劑效應。

　　閱讀完文章後，你可以利用「關鍵字短文」和「挑戰閱讀王」了解自己對這篇文章的理解程度；「延伸知識」中介紹了隨機對照實驗、顯著性差異、反安慰劑效應；透過「延伸思考」，查找更多關於安慰劑效應的有趣研究，並思考自己對於服用安慰劑的看法。

關鍵字短文

　　〈治療你還是安慰你？〉文章中提到許多重要的字詞，試著列出幾個你認為最重要的關鍵字，並以一小段文字，將這些關鍵字全部串連起來。例如：

關鍵字：1. 偏方　2. 安慰劑效應　3. 雙盲試驗　4. 實驗組　5. 對照組

短文：坊間的偏方似乎有用，但讓這些偏方發揮作用的往往是「安慰劑效應」。科學家要測試新藥的療效時，需要用「雙盲試驗」才能知道藥物是真的有效，或只是發揮安慰劑效應。雙盲試驗會將受試者分為服用真藥的實驗組與服用安慰劑的對照組，受試者不知道自己吃的是真藥還是安慰劑。如果在這樣的情況下，藥物對受試者顯現明顯的效用，才能說藥物具有療效。

關鍵字：1.＿＿＿＿＿　2.＿＿＿＿＿　3.＿＿＿＿＿　4.＿＿＿＿＿　5.＿＿＿＿＿

短文：＿＿＿＿＿＿＿＿＿＿＿＿＿＿＿＿＿＿＿＿＿＿＿＿＿＿＿＿＿＿＿

＿＿＿＿＿＿＿＿＿＿＿＿＿＿＿＿＿＿＿＿＿＿＿＿＿＿＿＿＿＿＿＿＿＿

＿＿＿＿＿＿＿＿＿＿＿＿＿＿＿＿＿＿＿＿＿＿＿＿＿＿＿＿＿＿＿＿＿＿

挑戰閱讀王

看完〈治療你還是安慰你？〉後，請你一起來挑戰以下題組。

答對就能得到👍，奪得 10 個以上，閱讀王就是你！加油！

☆安慰劑效應是指當人們相信自己受到治療，即使沒有任何療效的藥物也能發揮「療效」。請試著回答下列有關安慰劑效應的問題。

(　) 1. 文中提到從前醫師會拿藥物給患者試用，如果病情改善，大家就認為「有效」。為什麼這種實驗設計方式無法排除「安慰劑效應」的影響？
（答對可得 1 個👍）
①無法得到足夠多的患者
②無法選到最有效的藥物
③缺乏對照組
④缺乏實驗組

(　) 2. 研究人員會將受試者分為兩組，一組服用「真藥」，一組服用「假藥」。依據這段文字敘述，「服用不同藥物」這項操作屬於何種變因？
（答對可得 1 個👍）
①操作變因　②控制變因　③應變變因　④以上皆非

(　) 3. 承上題，服用「真藥」的組別稱為什麼？（答對可得 1 個👍）
①實驗組　②對照組

(　) 4. 研究人員預設「即將試驗的新藥應該比安慰劑效應更有效」，請問引號中的敘述屬於科學方法中的哪個部分？（答對可得 1 個👍）
①觀察　②提出問題　③假設　④得到結論

☆某生技公司發表新藥解盲結果，結果發現療效不如預期。請回答下列問題。

(　) 5. 曉華參與某種新藥的臨床試驗，她不知道自己吃的是真藥還是安慰劑，但是為曉華配藥的護理師知道她服用的是安慰劑。這屬於哪種類型的試驗？
（答對可得 1 個👍）
①單盲試驗　②雙盲試驗

（　　）6.在進行雙盲試驗時，接受藥物的受試者和研究人員都不知道受試者服用的是真藥還是安慰劑。這種實驗處理的目的為何？（答對可得 1 個👍）
①減少聘用研究人員成本　②較易招募受試者
③可提升藥物效果　④減少心理作用對實驗結果的影響。

☆請閱讀文章中膝關節手術患者分組的比較圖（P.69），並回答下列問題。

（　　）7.關節鏡手術實驗的操作變因為何？（答對可得 2 個👍）
①膝關節是否具有切口　②是否對關節進行清創、沖洗
③是否縫合手術傷口　④膝關節症狀是否改善

（　　）8.關節鏡手術實驗的應變變因為何？（答對可得 2 個👍）
①膝關節是否具有切口　②是否對關節進行清創、沖洗
③是否縫合手術傷口　④膝關節症狀是否改善

（　　）9.下列何者最可能是進行此手術的醫師的結論？（答對可得 2 個👍）
①進行清創、沖洗才能改善症狀
②進行沖洗比不進行沖洗更能改善症狀
③只要患者相信自己進行手術就能改善症狀
④只要將膝蓋切開又縫合就能改善症狀

延伸知識

1.**隨機對照實驗**：雙盲實驗是為了避免試驗的對象，或進行試驗的人員的主觀影響實驗結果，所以受試者與研究人員都不知道哪些人屬於實驗組或對照組。雙盲實驗常常也是隨機對照實驗，為了避免受試者的特性影響實驗結果，會將受試者隨機分配到實驗組與對照組，如此進行的就屬於隨機對照實驗。

2.**顯著性差異**：進行雙盲試驗時，實驗組與對照組的數據差多少才算有差異？有效的人數比無效的多 1%，就是真的有效嗎？要證明實驗組的結果比對照組好，不是只看兩組呈現的數值，而是要利用統計方法來看數值間是否有「顯著性差異」。統計過程能達到顯著性差異，我們才能說實驗組和對照組呈現的結果有所差別。

3.**反安慰劑效應：**安慰劑效應是由於受試者的心理作用改善疾病的症狀；反安慰劑效用則是由於預期的心理，而導致疾病產生或使治療失去效果。有研究指出，因為下背痛而進行影像檢查（如拍攝 X 光片）的病人，在三個月後會比沒有進行影像檢查的病人更容易感到疼痛。

延伸思考

1.除了關節鏡手術的例子，科學家對安慰劑效應做了很多研究。上網查查看，科學家還用哪些方式證明安慰劑效應呢？與你身邊的人分享一個最有趣的例子。

2.科學家對於安慰劑為何能發揮效果有幾種不同的假設。請上網搜尋可能使安慰劑有效的原理，想一想，你覺得哪種說法最有道理？為什麼？

3.有些醫師會開安慰劑給病人吃。讀過這篇文章，你應該知道安慰劑其實能帶來某些效果；但是病人求醫是為了獲得治療。你認為開安慰劑給病人吃合理嗎？為什麼？請試著說出你的看法和理由，並和家人分享與討論。

環保堆肥動手做

沒吃完的飯菜、料理中被切除的食材，
都可以做成堆肥，為家裡的盆栽提供營養喔！

撰文／林慧珍

圖片來源：達志影像・Shutterstock

你們家是如何處理廚餘的呢？不少家庭應該都是將沒有吃完的飯菜，和煮飯的過程中被切下來的剩餘食材一起送進環保局的清潔回收車吧？不過，如果家裡的陽台、頂樓花園或空地有種植花草的話，可以考慮拿廚餘來做堆肥喔，不但能大大減少垃圾量，做出來的堆肥土還可以改善土質，幫家裡的花草加肥料！

古早味的肥料

用來種植花草蔬果的土壤經過一段時間之後，當中的有機質會逐漸耗盡，如果用化學肥料加以補充，一開始或許可以促進植物生長，但是因為化肥多半是單一成分，長期下來往往因使用不當而造成土壤酸化，破壞土壤成分的平衡，因此最好的補充營養方式是提供多元的有機養分。

堆肥其實就是師法還沒有發展出化肥之前的古早做法，透過微生物的分解作用，把廚餘垃圾中仍然存在的各式各樣有機營養還給大地，補充土壤腐植質，同時改善土壤的物理、化學和微生物特性，給植物一個均衡的栽培環境。

堆肥怎麼做？

製作堆肥的基本道理其實很簡單，主要是利用微生物（包括細菌、真菌等）來幫忙把我們不能吃的動、植物殘渣分解成有機質，

重新釋放回土壤當中再循環使用。因此，製作堆肥的訣竅在於營造一個合適的環境，讓分解菜渣、樹葉、廚餘等有機材料的微生物，能夠頭好壯壯的生長，並且很有效率的完成分解廚餘的工作。

最簡單也最天然的堆肥方式，是挖一個不要超過一立方公尺的洞，或是購買廚餘堆肥箱，把廚餘及其他堆肥材料切碎混合，然後一層泥土、一層堆肥材料，層層交替往上疊，最上面再蓋上一層土壤，利用土壤中既有的微生物來分解廚餘。大約經過兩個月左右，它們就會以質地鬆軟、沒有臭味的深褐色土壤做為回報，只要再與原本用來種植花木蔬果的土壤加以混合，就可以使用。

看起來似乎很容易，但是實際做起來卻沒這麼簡單，常常埋下去的廚餘不是分解得太慢、毫無動靜，就是腐敗得太快，招來許多蒼蠅或是蟲蟲。想要讓廚餘穩定被分解，有許多小細節要注意，其中最重要的就是「碳和氮的平衡」與「空氣和水的平衡」。

碳和氮的平衡

怎樣營造適合這些微生物工作的堆肥環境呢？首先，細菌也需要均衡的營養才會長得好，因此使用的廚餘材料種類以及比例很重要。細菌生長需要的養分，主要是碳與氮，碳能夠提供細菌所需的能量並組成細菌的身體，而氮可以用來合成細菌所需的蛋白質。根據專家的研究，若要讓細菌長得好，在製

▲裝在堆肥箱裡的層層廚餘殘渣，經過分解之後，化成營養滿點的肥料。

作堆肥時必須把材料中碳和氮的比例調整在大約 25～30：1 之間。如果碳很多但是氮太少，能提供細菌合成蛋白質的營養不夠，它的生長就會變慢；相反的，如果氮的比例過高，細菌雖然生長快速，但是分解之後產生大量的氨，就會很容易從堆肥中逸散，導致氮素的損失。

哪些廚餘材料含碳量多？哪些是含氮量多呢？一些纖維質含量比較高的材料，例如木屑、紙張、枯枝、樹葉、花生殼、椰子殼等，通常含碳量偏高，碳與氮的比例高於 30：1，俗稱為「褐色」材料或乾材料；而動物的糞便、豆渣、泡過的茶葉、咖啡渣、白飯、蔬菜、果皮等，則屬於含氮量偏高的材料，碳氮比低於 25：1，它們通常比較容易很快就發臭，是所謂的「綠色」材料或溼材料。

專業製作堆肥的工廠會根據各種材料的碳氮比來計算不同材料之間的比例，把碳和氮的含量調整到理想的比值，讓堆肥達到最好的效果。但是一般人在家裡製作堆肥時，大概只要遵照乾、溼材料各約一半的原則，從廚餘、枯枝落葉、不要的紙箱等廢棄物就地取材，就可以得到不錯的效果。左欄「碳氮比，怎麼算？」列舉了一些常見堆肥材料的碳氮比，網路上也有很豐富的資訊，可以查詢得知。

碳氮比，怎麼算？

每種堆肥材料的碳和氮的比例都不太一樣，最適合細菌生長的碳氮比大約在 25～30：1 之間，你可以利用以下表格，調配出適當的堆肥。

堆肥材料	碳氮比
木屑	450：1
碎紙	150：1
樹皮	125：1
稻草	100：1
枯草	80：1
玉米穗軸	60：1
乾樹葉	60：1
新鮮樹葉	45：1
豆莢	30：1
果皮及果心	30：1
紅蘿蔔	27：1
野草	25：1
草木灰	23：1
咖啡渣	20：1
海藻	19：1
白飯	15：1
洋蔥和辣椒	15：1
蕃茄	12：1
豆渣	5：1

空氣流通、水分適量

在製作堆肥的過程當中，空氣的適度流通是個非常重要的環節。在氧氣足夠的情況下，土壤中需要使用氧氣的微生物會把堆肥材料中的有機質加以氧化，得到所需的能量及營養後，釋出二氧化碳，這就是所謂的「好氧堆肥」；但是如果氧氣不足，來幫忙分解廚餘的主角，就變成不需要使用氧氣的厭氧微生物，它們在分解過程中會形成硫化氫等讓人避之唯恐不及的臭氣，而且分解時間也會拉長。因此在放置堆肥材料的時候，必須留下一些空隙，避免過於緊壓，必要時還要定期翻動一下才不會缺氧。

水分也會影響到微生物的生長，製作堆肥時，最適合的水分含量在 60％ 左右，簡單的判斷方式，是摸起來很溼，卻又不會滴水的程度。材料堆如果太過潮溼，也會塞住土壤和堆肥材料的空隙，使空氣難以進入，引起厭氧分解產生惡臭。尤其菜葉、果皮這些綠色堆肥材料通常很容易出水，使用之前如果沒有瀝乾，堆肥過程當中又沒有定期排水，下層的土壤和材料就很容易積水，影響堆肥的品質。

製作堆肥小撇步

魔鬼藏在細節裡，實際製作堆肥過程中，常常一個不小心，堆肥就發臭、長蟲，或者放進去的菜渣完全沒有分解的跡象。該怎麼製作才能增加成功率呢？以下分享一些小撇步。

關於材料

- 盡量新鮮，馬上瀝乾及處理，不要等發臭了再放堆肥箱。
- 適度切碎可加速分解。
- 肉、魚、奶製品等動物性廚餘很容易發臭，少用為妙。
- 骨頭、貝類的殼等分解很慢，在家做堆肥時最好不要使用。
- 避免有油的剩菜。
- 柑橘類的皮只能用少量，以免造成酸化，影響微生物的分解。

堆肥過程

- 放置材料時要平均分散，材料之間要有空隙，不要壓緊，避免使用不透氣的黏土。
- 堆肥桶或堆肥箱要加蓋，下方要有排水孔，每隔幾天要排水一次。排出的水可以稀釋用來澆花。
- 太乾時要澆水。
- 若有臭味，檢查透氣及排水的狀況，並且可再加一些含碳量較高的乾材料或土壤。

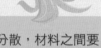

堆肥廁所

上完廁所，用水一沖，清潔溜溜，非常方便，但是也會用去很多的水。在國外、在臺灣都有一些環保人士開始試驗、建造不需用水沖洗的堆肥廁所，只要一有新的糞便（含氮高的材料），就加一點木屑、稻梗、枯葉之類的乾材料（含碳高的材料），兩者混合後，經過一段時間的微生物作用，糞便就能分解成完全沒有臭味的堆肥，直接把可能的汙染變成了珍貴的資源。

利用好氧堆肥法分解廚餘時，微生物的代謝活動非常旺盛，在剛開始時會產生大量的熱，導致堆肥溫度上升，只要堆肥的量足夠，能保住細菌活動產生的熱能不會很快散失，那麼堆肥的溫度就可能達到 60℃左右，並維持大約 10 天，之後進入下一個發酵階段。這樣的溫度已經足以殺死雜草種子、各種討人厭的蟲卵和病原，因此做出來的堆肥可以安心使用。

蚯蚓、菌種來幫忙

除了利用土壤裡既有的微生物來分解廚餘之外，也有人動用蚯蚓來幫忙消化剩菜，同樣能製作出肥沃的土壤。用蚯蚓製作堆肥，訣竅也是必須營造一個能讓蚯蚓覺得舒適的生長環境，最好是陰暗、潮溼而溫暖，並且避免螞蟻攻擊蚯蚓（可試著在堆肥箱下方墊高，放進水盆裡阻隔螞蟻），餵食的廚餘以菜葉為佳，並避免有刺激氣味的蔬果或含有高量精油的柑橘類果皮。另外一種選擇，是額外添加有利於分解廚餘的菌種，例如酵母菌、乳酸菌等等，來加速製作堆肥的速度。

目前市面上有各種商業化的蚯蚓飼養箱、廚餘堆肥箱和菌種等設備可供選擇，商家也會提供詳細的使用說明，可以依照自己居家環境的條件、空間大小、每天的剩菜量及其他堆肥來源等，仔細評估過後，選擇最適合自己的堆肥方式。

只要掌握以上原則：均衡的乾溼材料、控制水分和空氣流通、注意堆肥的保溫，就能做出環保的堆肥。若是你做的堆肥發臭失敗了，也別急著丟掉，試著找出原因並調整，如果還有一些臭味，可以在上面覆蓋一層土壤，再給它一點時間，相信你也可以做出營養滿點的堆肥，為盆栽花木進補！ 科

作 者 簡 介

林慧珍　從小立志當科學家、老師，後來卻當了新聞記者以及編譯，最喜歡報導科學、生態、環境等題材，為此上山下海都不覺得辛苦。現在除了繼續寫作、翻譯，也愛和兩個兒子一起玩自然科學，夢想有一天能夠成為科幻小說作家。

圖片來源：Flickr/SuSanA Secretariat、Shutterstock

環保堆肥動手做

國中生物教師　江家豪

主題導覽

近年來環境意識抬頭，社會大眾開始省思化學肥料帶來的衝擊，消費者擔憂化學肥料中的亞硝酸鹽在蔬菜中累積，吃多了會引起身體病變；農夫則擔心過量的化學肥料使用會造成土壤酸化，微量元素失去平衡，因此使用有機肥料的想法漸漸普及。

「有機」常常被人和「昂貴」劃上等號，事實上有機肥確實比化學肥昂貴許多，成

本提高的情況下會影響農夫使用的意願，因此如何自製有機肥料來降低生產的成本，成為推動有機農業的關鍵。

〈環保堆肥動手做〉介紹了堆肥的方法，詳盡說明堆肥中養分的比例控制。閱讀完文章後，你可以利用「關鍵字短文」了解自己對這篇文章的理解程度，「挑戰閱讀王」則能檢測你是否充分認識有機堆肥。

關鍵字短文

〈環保堆肥動手做〉文章中提到許多重要的字詞，試著列出幾個你認為最重要的關鍵字，並以一小段文字，將這些關鍵字全部串連起來。例如：

關鍵字：1. 堆肥　2. 廚餘　3. 微生物　4. 分解作用　5. 碳和氮

短文：有機堆肥的方式十分多樣，利用廚餘做堆肥不僅可以友善土壤，更提供處理廚餘的另一種選擇。做堆肥的原則很簡單，就是透過微生物的分解作用，將堆肥材料中的大分子有機養分分解成植物能吸收的小分子養分。在這個原則之下，如何提供良好的生長環境給微生物，就成為堆肥成敗的關鍵了。除此之外，堆肥材料的養分種類和比例必須加以控制，其中最重要的是碳和氮兩種成分，控制得當不僅可以讓堆肥中的微生物生長良好，更能得到養分比例適中的環保有機肥。

關鍵字：1.＿＿＿＿　2.＿＿＿＿　3.＿＿＿＿　4.＿＿＿＿　5.＿＿＿＿

短文：＿＿＿＿＿＿＿＿＿＿＿＿＿＿＿＿＿＿＿＿＿＿＿＿＿＿＿＿＿＿＿＿＿

＿＿＿＿＿＿＿＿＿＿＿＿＿＿＿＿＿＿＿＿＿＿＿＿＿＿＿＿＿＿＿＿＿＿＿

挑戰閱讀王

看完〈環保堆肥動手做〉後，請你一起來挑戰以下題組。

答對就能得到👍，奪得 10 個以上，閱讀王就是你！加油！

☆根據文章的描述，請回答下列關於堆肥的問題。

（　　）1.下列何者無法協助將廚餘分解為有機質？（答對可得 1 個👍）

　　　　①流感病毒　②細菌　③黴菌　④酵母菌

（　　）2.堆肥材料的碳氮比影響到微生物生長的情形，怎樣的比例可以讓微生物生

　　　　長良好？（答對可得 1 個👍）

　　　　①碳：氮 = 1：30　②碳：氮 = 28：1

　　　　③碳：氮 = 1：1　④碳：氮 = 100：1

（　　）3.關於堆肥材料中的氮元素，下列敘述何者正確？（答對可得 2 個👍）

　　　　①氮能提供細菌生長所需的能量

　　　　②氮被分解後會產生大量的二氧化碳

　　　　③含氮量高的材料稱為「褐色」材料

　　　　④豆渣屬於含氮比例高的材料

（　　）4.（甲）紙張（乙）白飯（丙）咖啡渣（丁）花生殼（戊）樹葉；上面哪些

　　　　屬於含碳量偏高的堆肥材料？（答對可得 2 個👍）

　　　　①甲乙丙　②乙丙　③甲丁戊　④丙丁

☆堆肥過程中的空氣流通及水分控管會影響堆肥的成果，請回答下列問題。

（　　）5.堆肥過程中若空氣流動不佳，會有什麼結果？（答對可得 1 個👍）

　　　　①釋出大量二氧化碳　②產生臭味　③形成好氧堆肥　④分解時間縮短

（　　）6.關於堆肥過程中水分的控制，何者正確？（答對可得 1 個👍）

　　　　①適合的含水量要控制在 30%左右

　　　　②水分過多會引起好氧堆肥

　　　　③菜葉、果皮在堆肥時要先瀝乾減少水分

　　　　④可以將材料用力壓實減少水分

（　　）7.下列關於堆肥過程的注意事項，何者錯誤？（答對可得 1 個👍）

①堆肥桶下方要有排水孔　②材料太乾時應適時灑水

③可大量放置柑橘類果皮減少臭味　④堆肥材料要盡量新鮮並適度切碎

☆氮循環：氮是動植物生長不可或缺的重要元素，在植物體內不僅可以合成蛋白質，更能夠合成光合作用的重要物質——葉綠素。葉綠素含量多，光合作用的效率提高，植物體製造養分的能力也就增強，能產出更豐美的農作物。空氣中原本就有許多氮氣，但無奈動植物都無法直接使用它，必須透過閃電或微生物將氮氣轉換為土壤中的含氮物，植物才能吸收。然而早期農夫沒辦法只依賴這些管道攝取氮元素，因此會將動物糞便或排泄物（含尿素或尿酸）做為肥料；在科學技術發達的現代，則以人工合成含氮比極高的化學肥料，大幅提升作物生產力。這樣的農法盛行了很久，直到近期環境意識抬頭，擔心化學肥料破壞土壤成分，甚至影響食物安全，以有機方式提供氮肥的想法才開始普及。

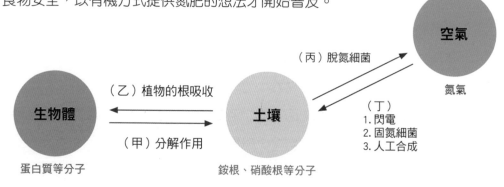

（　　）8.在氮循環的路徑中，堆肥應該屬於下列何種作用？（答對可得 1 個👍）

①甲　②乙　③丙　④丁

（　　）9.在自然界中 A 生物能將氮氣轉換為含氮物質，B 生物能將含氮物質轉換為氮氣，則 A、B 分別是何種生物？（答對可得 2 個👍）

①A 是微生物、B 是植物　②A 是動物、B 是植物

③A、B 都是微生物　④A、B 都是植物

（　　）10.何者不是土壤中的含氮養分充足時，植物體的表現？（答對可得 1 個👍）

①葉片呈濃綠色　②光合作用強盛

③養分充足生長快速　④根部易被細菌入侵腐爛

延伸知識

1. **分解者**：分解者是物質循環中相當重要的角色，它們能把生物排出的糞便、死亡後的遺體等，再度分解成小分子的養分，回歸到環境中；在生態系中扮演分解者的生物主要是細菌、真菌等微生物。

2. **廚餘分類**：根據行政院環境保護署分類，現有廚餘回收分為熟廚餘和生廚餘兩大類，熟廚餘為養豬廚餘，而生廚餘則是堆肥用廚餘。

3. **公所有機肥**：多數公所現行的垃圾清運中都有廚餘回收項目，有些公所會將廚餘製成堆肥後贈送民眾或以回收品交換，讓廚餘產生新價值。

延伸思考

1. 鍾兆晉校長在二重國中治校期間，帶領學生將校園裡的落葉集中進行堆肥，成果以「二重」為名，取為「加倍肥」。這些落葉堆肥除了使用在頂樓菜園外，也贈送給蒞校來賓，極具環保意識的做法令人驚嘆。調查看看，你就讀的學校是否也有落葉的問題需要解決？學校是如何處理的呢？是否可能在你的學校推行鍾校長的做法？

2. 查訪一下，你居住的社區是否有進行廚餘回收與分類？若有，哪些東西是養豬廚餘？哪些是堆肥廚餘？

3. 宜蘭縣三星鄉公所將民眾回收的廚餘進行堆肥，成果開放民眾以回收品交換，提高民眾進行回收的意願，成效斐然（https://youtu.be/l-kgPrZTvUU）。搜尋看看，您的公所是如何處理回收來的廚餘呢？您的住家附近是否有提供廚餘堆肥交換或贈送的公所單位？

4. **堆肥 DIY**：請參考文章介紹的方法，蒐集廚餘、進行堆肥吧！

圖片來源：鍾兆晉

解答

祖先級神奇寶貝──鴨嘴獸
1.①④　2.④　3.②　4.③　5.③　6.③　7.③　8.④　9.①

凝結時空的膠囊──琥珀
1.③　2.①　3.④　4.②③　5.④　6.①　7.②　8.②　9.①

生物在搬家
1.②　2.③　3.①　4.②　5.②　6.③　7.①　8.④　9.①

如何聰明吃魚？
1.③　2.①　3.①　4.④　5.②　6.④　7.④　8.①　9.①　10.③

農地疊疊樂──垂直農場
1.①　2.①　3.②　4.③　5.④　6.②　7.④　8.①

別再怕蔬菜了
1.④　2.③　3.②　4.①　5.②　6.④　7.①　8.②　9.③

治療你還是安慰你？
1.③　2.①　3.①　4.③　5.①　6.④　7.②　8.④　9.③

環保堆肥動手做
1.①　2.②　3.④　4.③　5.②　6.③　7.③　8.①　9.③　10.④

科學少年學習誌
科學閱讀素養◆生物篇 4

編者／科學少年編輯部
封面設計／趙璦
美術編輯／沈宜蓉、趙璦
資深編輯／盧心潔
科學少年總編輯／陳雅茜

發行人／王榮文
出版發行／遠流出版事業股份有限公司
地址／臺北市中山北路一段 11 號 13 樓
電話／ 02-2571-0297　傳真／ 02-2571-0197
郵撥／ 0189456-1
遠流博識網／ www.ylib.com　電子信箱／ ylib@ylib.com
ISBN 978-957-32-8935-7
2021 年 4 月 1 日初版
2022 年 8 月 29 日初版三刷
版權所有‧翻印必究
定價‧新臺幣 200 元

國家圖書館出版品預行編目

科學少年學習誌：科學閱讀素養.生物篇4/科
學少年編輯部編. -- 初版. -- 臺北市：遠流出版
事業股份有限公司, 2021.04
88面；21×28公分 .
ISBN 978-957-32-8935-7（第4冊：平裝）
1.科學 2.青少年讀物
308　　　　　　　　　　　109021466